Einstellungsgespräche erfolgreich führen

Eberhardt Hofmann

Einstellungsgespräche erfolgreich führen

Ein Praxisleitfaden für die Auswahl der besten Bewerber

2. Auflage

Eberhardt Hofmann
Friedrichshafen, Deutschland

ISBN 978-3-658-10600-3   ISBN 978-3-658-10601-0 (eBook)
DOI 10.1007/978-3-658-10601-0

Die Deutsche Nationalbibliothek verzeichnet diese Publikation in der Deutschen Nationalbibliografie; detaillierte bibliografische Daten sind im Internet über http://dnb.d-nb.de abrufbar.

Springer Gabler
© Springer Fachmedien Wiesbaden 2008, 2016
Das Werk einschließlich aller seiner Teile ist urheberrechtlich geschützt. Jede Verwertung, die nicht ausdrücklich vom Urheberrechtsgesetz zugelassen ist, bedarf der vorherigen Zustimmung des Verlags. Das gilt insbesondere für Vervielfältigungen, Bearbeitungen, Übersetzungen, Mikroverfilmungen und die Einspeicherung und Verarbeitung in elektronischen Systemen.
Die Wiedergabe von Gebrauchsnamen, Handelsnamen, Warenbezeichnungen usw. in diesem Werk berechtigt auch ohne besondere Kennzeichnung nicht zu der Annahme, dass solche Namen im Sinne der Warenzeichen- und Markenschutz-Gesetzgebung als frei zu betrachten wären und daher von jedermann benutzt werden dürften.
Der Verlag, die Autoren und die Herausgeber gehen davon aus, dass die Angaben und Informationen in diesem Werk zum Zeitpunkt der Veröffentlichung vollständig und korrekt sind. Weder der Verlag noch die Autoren oder die Herausgeber übernehmen, ausdrücklich oder implizit, Gewähr für den Inhalt des Werkes, etwaige Fehler oder Äußerungen.

Gedruckt auf säurefreiem und chlorfrei gebleichtem Papier.

Springer Fachmedien Wiesbaden GmbH ist Teil der Fachverlagsgruppe Springer Science+Business Media
(www.springer.com)

Vorwort zur zweiten Auflage

Manfred Lütz beschreibt in seinem Buch „Bluff: die Fälschung der Welt"[1]:

„Es wird deutlich, dass die in Deutschland stattfindenden Bewerbungsgespräche in der Zwischenzeit reine Kunstprodukte sind, deren Produzenten viel dabei verdienen, erwachsene Menschen wider Willen eine Komödie aufführen zu lassen, die vor allem eines vermeidet: dass beide Teile sich wirklich kennenlernen."

Das Buch von Manfred Lütz wurde weit nach der ersten Auflage des vorliegenden Buches veröffentlicht und deutet darauf hin, dass sich die Situation bei Bewerbergesprächen in der Zwischenzeit eher noch verschärft hat. Jeder, der Vorstellungsgespräche führt, muss sich mit dieser sonderbaren Situation auseinandersetzen. Die verschiedensten Entwicklungen haben dazu geführt, dass in einem Vorstellungsgespräch kaum mehr das stattfindet, was eigentlich stattfinden sollte und für den Bewerber sowie für die Organisation eigentlich das Sinnvollste wäre, nämlich sich über die gegenseitigen Vorstellungen zu unterhalten. Dass dies so ist und warum das so ist, kann man lange beklagen beziehungsweise diskutieren, man muss jedoch letztendlich mit diesem Sachverhalt umgehen.

Um an wirklich produktive und informationsreiche Punkte zu kommen, muss der Interviewer einiges an Vorarbeit leisten. Im vorliegenden Buch werden diese Art der Vorarbeit, die entsprechende Gesprächstechnik, Gesprächstaktik und Gesprächsstrategie beschrieben.

Friedrichshafen, im September 2015

---

[1] Lütz, M. (2012): „Bluff: Die Fälschung der Welt" Droemer.

Inhaltsverzeichnis

1	**Einführung**	1
	Literatur	5
2	**Untersuchung zur Brauchbarkeit des Interviews**	7
	Literatur	9
3	**Den Bewerber zum Sprechen bringen**	11
	3.1 Offene (weite) und geschlossene (enge) Fragen	12
	3.2 Zusammenfassen	19
	3.3 Beispiele einfordern	23
	Literatur	24
4	**Konkret werden**	25
	4.1 Effekte des Konkretisierens	27
	4.2 Aufzählungen verlangen als eine Technik des Nachfragens	31
	4.3 Umgang mit „Nichts" – „Noch nie"-Antworten	32
	4.4 Einstiegs- und Nachfragen	34
	Literatur	37
5	**Von der Worthülse zur individuellen Bedeutung – der zentrale Prozess** . .	39
	5.1 Die Schwierigkeit der Bedeutungsübertragung	39
	5.2 Der Mikro- und der Makroprozess	47
	5.3 Einwände	52
	5.4 Nonverbale Beobachtung	55
	5.5 Das Doppelproblem	57
6	**Das Meta-Modell als formale Hilfe zum Nachfragen**	61
	6.1 Veranschaulichung des Modells	61
	6.2 Universalquantifizierungen	63
	6.3 Nominalisierungen	64
	6.4 Sprachliche Tilgungen	66
	Literatur	67

7	**Spezielle Fragen/Überprüfung der Antworten**	69
	7.1 Konkretisieren	69
	7.2 Zum gängigen Stereotyp konträre Fragen	70
	7.3 Zirkuläre Fragen	72
	7.4 Projektive Fragen	73
	7.5 Abstrakte Fragen	74
	7.6 Mehrgliedrige Fragen	75
	7.7 Anwendung der beschriebenen Fragetechniken	77
	Literatur	77
8	**Quantifizierbare Antworten**	79
	8.1 Vorgehen bei der Konstruktion von Fragen mit quantifizierbaren Antworten	79
	8.2 Interviewerverhalten beim Stellen von Fragen mit quantifizierbaren Antworten	82
	Literatur	82
9	**Der Gesprächsplan**	83
	9.1 Begrüßung und Gesprächsbeginn	86
	9.2 Ablauf des Gespräches erklären	87
	9.3 Das Kernstück: Die Vorstellungen des Bewerbers erfassen	87
	9.4 Spezielle Anforderungen	104
	9.5 Informationen zur Stelle	106
	9.6 Dem Bewerber Gelegenheit zum Fragen geben	108
	9.7 Abschluss des Gespräches	108
	9.8 Zusammenspiel zwischen Personal- und Fachabteilung	108
	Literatur	109
10	**Die Erweiterung des klassischen Vorstellungsgespräches durch Assessment-Center-Elemente**	111
	10.1 Die Bewerberpräsentation	111
	10.2 Verhaltensbeobachtung während des Zweiergespräches	118
	10.3 Simulation von Gesprächssequenzen	120
	Literatur	120
11	**Durchführungstechnische Gesichtspunkte**	123
	11.1 Sitzposition	123
	11.2 Notizen	124
	11.3 Zeitplanung	126
	11.4 Leistungskurve	128
	11.5 Systematisches Auswerten	129
	Literatur	130

12 Auswertung des Interviews ... 131
- 12.1 Bauch- oder Kopfentscheidungen? ... 131
- 12.2 Der erste Eindruck ... 132
- 12.3 Vorgehen bei der Auswertung ... 133
- 12.4 Dynamik in Entscheidergruppen ... 134
- Literatur ... 137

13 Training des Interviewerverhaltens ... 139
- 13.1 Schriftliche Übungen ... 139
- 13.2 Praktische Übungen ... 139
- 13.3 Supervision und Rückmeldung ... 140
- 13.4 Lernprinzipien ... 141
- 13.5 Beobachtungsblatt: Rückmeldung des Interviewerverhaltens ... 143

14 Bauch- oder Kopfentscheidungen ... 145
- 14.1 Rationale Entscheidungen und Bauchentscheidungen ... 145
- 14.2 Was ist ein Verhaltensstil? ... 146
- 14.3 Kurzbeschreibung der Stile – „chemische Elemente" ... 147
- 14.4 Zwischenmenschliche Konstellationen – „chemische Reaktionen" ... 150
- 14.5 Welche Konsequenzen ergeben sich daraus? ... 152
- Literatur ... 154

15 Zusammenfassung ... 155

16 Übungen und Beispiellösungen ... 157
- 16.1 Aspekte einer Nachricht ... 157
- 16.2 Offene und geschlossene Fragen ... 158
- 16.3 Offene Fragen formulieren ... 159
- 16.4 Paraphrasieren ... 160
- 16.5 Nachfragen ... 161
- 16.6 „Blech reden" ... 162
- 16.7 Meta-Modell ... 162
- 16.8 Nominalisierungen ... 163
- 16.9 Originalität von Antworten ... 165

Sachverzeichnis ... 167

Abbildungsverzeichnis

Abb. 1.1	Normales Gespräch und Vorstellungsgespräch: Schalter umlegen	2
Abb. 1.2	Einfaches und komplizierteres (aber realitätsgerechteres) Modell der Kommunikation	3
Abb. 3.1	Offene Fragen	14
Abb. 3.2	Konstruktion offener (weiter) Fragen	15
Abb. 3.3	Formale Konstruktion offener Fragen	15
Abb. 3.4	Verkettung offener Fragen	16
Abb. 3.5	Abfolge offener und geschlossener Fragen im Gespräch	17
Abb. 3.6	Zusammenfassen als „Rückwärtsgehen" im Gespräch	20
Abb. 3.7	Fragendes Zusammenfassen	20
Abb. 3.8	Bewusst falsches Zusammenfassen	21
Abb. 3.9	Verkettung von offenen und geschlossenen Fragen und Zusammenfassungen	23
Abb. 4.1	Intuitives und durch „Ratgeber" verbreitetes Bild des Vorstellungsgespräches	29
Abb. 4.2	Tatsächliches Vorgehen bei einem „guten" Bewerbungsgespräch ..	29
Abb. 4.3	Fordern von Aufzählungen	32
Abb. 4.4	Vorgehen beim hypothetischen Nachfragen	33
Abb. 4.5	Möglichkeiten des Konkretisierens	35
Abb. 5.1	Eine direkte Bedeutungsübertragung ist (leider) nicht möglich	40
Abb. 5.2	Illusion und zu erwartende Schnittmenge	41
Abb. 5.3	Fehlerpräferenz unseres Gehirns: Wahrscheinlichkeitsabschätzung ...	42
Abb. 5.4	Der „blinde Fleck" auf der Netzhaut	43
Abb. 5.5	Experiment (1) zum „blinden Fleck"	43
Abb. 5.6	Experiment (2) zum „blinden Fleck"	44
Abb. 5.7	Begriff und individuelle Bedeutung	45
Abb. 5.8	Kippfigur	46
Abb. 5.9	Durchzug mit Abzweig	49
Abb. 5.10	Mikroprozess	50
Abb. 5.11	Erweiterter Mikroprozess	51
Abb. 5.12	Der Makroprozess	51

Abb. 5.13	Zeitliche Dimension des Nachfrageaufwandes	54
Abb. 5.14	Der Bewerber weist den Weg „in die Tiefe"	56
Abb. 6.1	Kommunikative Schnittmenge	62
Abb. 6.2	Der sprachliche Verkürzungsmechanismus der Nominalisierung	64
Abb. 6.3	Der Prozess der Nominalisierung. Wo eigentlich ein Verb hingehört, wird ein Nomen eingesetzt	64
Abb. 7.1	Das Konstruktionsprinzip von zum gängigen Stereotyp konträren Fragen	71
Abb. 7.2	Konstruktion zirkulärer Fragen	72
Abb. 7.3	„Projektion" der eigenen Werthaltungen auf andere Personen	74
Abb. 7.4	Antwortverhalten in Abhängigkeit vom Abstraktionsgrad der Frage	75
Abb. 7.5	Mehrgliedrige Fragen	76
Abb. 8.1	Iteratives Vorgehen bei der Generierung quantifizierbarer Antworten	81
Abb. 9.1	Konkretheit von Vorstellungen	84
Abb. 9.2	Verteilung der Anteile an der Redezeit in der Konversationsphase	86
Abb. 9.3	Faktoren der Arbeitszufriedenheit	91
Abb. 9.4	Stufen der Mitwirkung innerhalb einer Organisation	92
Abb. 9.5	Kulturelle Dimensionen	100
Abb. 9.6	Idealtypische Gruppenmodelle	101
Abb. 9.7	Zusammenspiel zwischen Personalabteilung und Fachabteilung	109
Abb. 10.1	Der kommunikative Fokus bei der Bewerberpräsentation	112
Abb. 10.2	Auswertungsblatt für eine Präsentation	117
Abb. 10.3	Beobachtungsblatt zum Gesprächsverhalten	119
Abb. 11.1	Sitzpositionen beim Bewerbergespräch	124
Abb. 11.2	Behaltensleistung in Abhängigkeit von der Position	126
Abb. 11.3	Begrenzte Gedächtniskapazität	127
Abb. 11.4	Verzerrung bestehender Unterschiede bei der gleichzeitigen Betrachtung mehrerer Dimensionen	129
Abb. 12.1	Auswertung des Interviews	134
Abb. 12.2	Versuchslinien von Asch	135
Abb. 12.3	Der Asch-Versuch	135
Abb. 12.4	Veränderung der „Wahrnehmung"	136
Abb. 13.1	Konstellation bei der kollegialen Supervision	140
Abb. 13.2	Beobachtungsblatt zur Rückmeldung des Interviewerverhaltens	141
Abb. 14.1	Flexibilität von Verhalten	146
Abb. 14.2	Einengung der Stile bei Stress	147
Abb. 14.3	Konstellation mit sehr hohem Konfliktpotenzial	151
Abb. 14.4	Mögliche Zweierkonstellationen	152
Abb. 16.1	Übung: Aspekte einer Nachricht	157

Über den Autor

Eberhardt Hofmann studierte Arbeits-, Betriebs- und Organisationspsychologie in Tübingen. Er verfügt über langjährige Erfahrung in der Personalauswahl und -entwicklung. Seine Erfahrungen aus der Praxis münden zudem in Lehraufträgen an verschiedenen Hochschulen und in Weiterbildungsorganisationen.

Einführung 1

Bewerber antworten in Vorstellungsgesprächen nicht einfach spontan und unreflektiert. Die Antworten werden oftmals überlegt und taktisch gegeben. Diese Tendenz verstärkt sich durch die inflationär anwachsende Zahl von Ratgebern für Bewerber. Man muss davon ausgehen, dass so gut wie jeder qualifizierte Bewerber vorbereitet zum Vorstellungsgespräch kommt. Wie sinnvoll und realitätsangemessen diese Form der Vorbereitung ist, ist dabei eine andere Frage.

Die zentralen Thesen dieses Buches lauten:

- Bewerber verhalten sich in Vorstellungsgesprächen nicht „natürlich", nicht „spontan", sie reagieren (bewusst oder unbewusst) nicht so, wie sie sich „normalerweise" verhalten würden, sondern in einer mehr oder weniger verzerrten Art und Weise.
- Das schränkt die Validität des Vorstellungsgespräches stark ein. Die Qualität hängt aber auch stark von der Kompetenz des Interviewers ab. Seitens des Interviewers ist ein solches Gespräch nicht einfach.
- Oftmals wird man als Interviewer, insbesondere als Fachbereichsvertreter, völlig unvorbereitet mit diesem Thema konfrontiert.
- Das Vorstellungsgespräch erscheint auf den ersten Blick relativ einfach, man muss sich (anscheinend) nur mit dem Bewerber zusammensetzen und mit ihm reden.
- Um ein gutes Vorstellungsgespräch führen zu können, ist es notwendig, einige Schalter im Kopf umzulegen und ein teilweise völlig anderes Gesprächsverhalten anzuwenden, als dies in „normalen" Gesprächen angemessen ist (siehe Abb. 1.1).

Die Bedeutung dieser einzelnen Schalter wird in den Kapiteln zur Gesprächstechnik intensiv erläutert.

Bewerber und auch einige Interviewer gehen oft von einem einfachen „Röhrenmodell" der Kommunikation aus. Sie glauben, dass der Sender eine Information „in eine Röhre" schickt, die dann die Information zum Empfänger transportiert und dort genauso ankommt, wie es der Sender intendiert hat. So wünschenswert diese Vorstellung zur

Abb. 1.1 Normales Gespräch und Vorstellungsgespräch: Schalter umlegen

Normales Gespräch		Vorstellungsgespräch
Geschlossene Fragen		Offene Fragen
Flüchtiges Zuhören		Sensorisch genaues Zuhören
Allgemeine Aussagen		Präzises Nachfragen
Bedeutungsgenerierung durch Wahrscheinlichkeitsberechnung		Bedeutungen explizit erfragen

Kommunikation auch ist, so wenig entspricht sie der Realität. Eine These dieses Buches besteht darin, dass es im Vorstellungsgespräch günstiger ist, von einem anderen Kommunikationsmodell auszugehen:

Das als günstiger vorgeschlagene Modell sieht etwas verwirrend aus (siehe Abb. 1.2). In den nachfolgenden Kapiteln werden die einzelnen Elemente näher erläutert und die Gründe dafür dargelegt, warum dieses Modell realitätsnäher als das Röhrenmodell ist.

Es sind einige weitere Fakten relevant:

Man weiß, dass sich Versuchspersonen selbst bei relativ unverfänglichen psychologischen Experimenten nicht so verhalten, wie sie es normalerweise tun würden (z. B. Gniech 1982). Es wird geschätzt, dass nur ca. 15 Prozent der Versuchspersonen „gute" Versuchspersonen sind, die sich bei psychologischen Experimenten spontan, natürlich, unkontrolliert verhalten. Was für psychologische Experimente zutrifft, gilt sehr wahrscheinlich auch für andere Situationen, bei denen die „Versuchsperson" mit einem für sie nicht oder nicht voll transparenten Verfahren konfrontiert wird, das eine Einschätzung ihrer Persönlichkeit zum Ziel hat, wie dies auch im Vorstellungsgespräch der Fall ist.

In manchen Studiengängen (besonders im betriebswirtschaftlichen Bereich) sind Bewerbertrainings bereits Bestandteile des normalen Curriculums. Selbst wenn dies nicht der Fall ist, gibt es an fast jeder Hochschule Angebote zu Bewerbertrainings. In vielen Förderprogrammen des Arbeitsamtes ist ebenfalls ein Bewerbertraining enthalten. Die Qualität dieser Trainings ist sehr unterschiedlich. Ein Großteil der selbsternannten Trainer hat noch nie in der Realsituation auf der Arbeitgeberseite ein Einstellungsinterview

Abb. 1.2 Einfaches und komplizierteres (aber realitätsgerechteres) Modell der Kommunikation im Vorstellungsgespräch

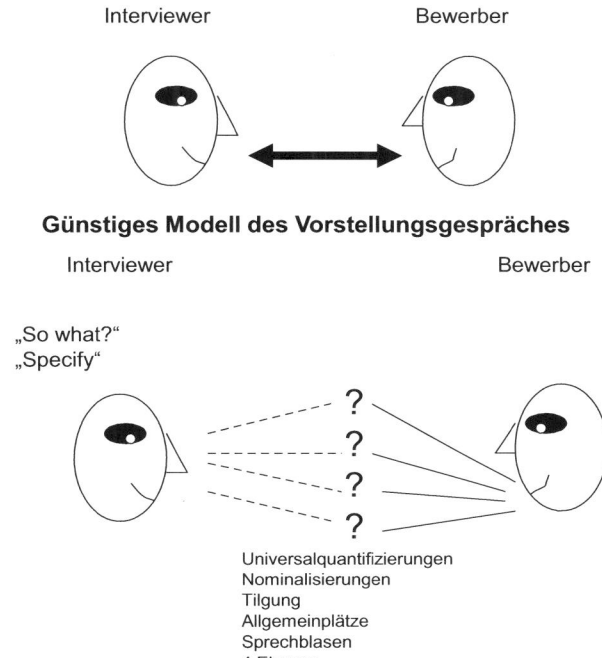

geführt. Manchmal werden den Bewerbern in solchen Trainings sogar ausgesprochen unsinnige Vorstellungen vom Bewerbergespräch vermittelt. So lautet zum Beispiel eine Seminarausschreibung für ein Bewerbertraining: „Die optimale Vorbereitung auf ein Vorstellungsgespräch sollte genauso aussehen, wie die Vorbereitung eines Schauspielers auf seine Rolle. Ziel ist es, dass der Bewerber sich bei einem Vorstellungsgespräch optimal darstellt." (Bildungswerk Schloss Hersberg). Unabhängig von der Qualität der in diesen Veranstaltungen gegebenen Verhaltensempfehlungen und deren Umsetzbarkeit im Vorstellungsgespräch kann man davon ausgehen, dass ein Großteil der Bewerber bezüglich des Verhaltens im Gespräch und der zu gebenden Antworten in irgendeiner Art und Weise durch das Lesen von Ratgebern oder den Besuch von Trainings instruiert in ein Vorstellungsgespräch geht und zumindest versucht, taktisch zu antworten.

Nach einer Untersuchung von Fruhner und Schuler (1987) glauben Bewerber tatsächlich auch, dass sie im Vorstellungsgespräch einen größeren Einfluss auf das Ergebnis haben, als dies bei anderen Auswahlverfahren der Fall ist.

Das hat zur Folge, dass derjenige, der Einstellungsinterviews zu führen hat, zwei Aufgaben gleichzeitig bewältigen muss. Er muss sich nicht nur Gedanken darüber machen, welche Informationen er im Rahmen des Interviews erhebt und wie er dies tut, er muss zusätzlich dazu auch noch die vom Bewerber erhaltene Information auf ihre „Richtigkeit",

„Authentizität", „Glaubhaftigkeit" und vor allem auf ihre Bedeutung hin beurteilen. Die Situation wird dadurch noch etwas komplizierter, dass die Qualität des Interviews auch von der Interviewerseite her sehr unterschiedlich sein kann. Häufig müssen Fachvorgesetzte ohne spezielle Schulungen Einstellungsinterviews führen. Es wird offenbar davon ausgegangen, dass die Fähigkeit zum Führen von Vorstellungsgesprächen mit der Ernennung zur Führungskraft automatisch mitverliehen wird. Die nachfolgend beschriebenen Techniken sollen dazu dienen, relevante Informationen im Rahmen des Einstellungsinterviews sicherer erheben zu können und die erhaltenen Informationen auf ihre Richtigkeit hin zu überprüfen.

Kapitel 2 des vorliegenden Buches beschäftigt sich mit prinzipiellen Fragen des Vorstellungsgespräches. Es stellt kurz den Forschungsstand zur Brauchbarkeit des Interviews und die sich daraus ergebenden Konsequenzen dar.

Nach diesen eher theoretischen Überlegungen beschäftigen sich die Kap. 3 bis 9 mit der konkreten Gesprächsführung. Der Schwerpunkt liegt in Kap. 3 auf der Darstellung von Techniken, mit deren Hilfe man den Bewerber zum Sprechen bringen kann. Dies ist die Grundvoraussetzung, um von ihm möglichst viele Informationen zu seiner Person zu erhalten. Kapitel 4 beschäftigt sich mit der Notwendigkeit und mit den entsprechenden Techniken, die Antworten des Bewerbers zu konkretisieren und dadurch den Informationsgehalt der erhaltenen Antworten zu erhöhen. In Kap. 5 wird das Kernstück des Vorstellungsgespräches behandelt, der Schritt weg von Schlagworten und wohlfeilen Begriffen hin zu der Erfassung individueller Bedeutungen. Kapitel 6 stellt zu diesem Zweck ein formales Modell aus der verhaltenstheoretischen Diagnostik vor, mit dessen Hilfe man sehr schnell diejenigen Elemente aus den Antworten des Bewerbers identifizieren kann, die bei entsprechendem Nachfragen mit hoher Treffsicherheit relevante Informationen liefern. Gegenstand von Kap. 7 sind spezielle Fragen und solche Fragen, die es bis zu einem gewissen Grad erlauben, die Antworten des Bewerbers auf ihre Richtigkeit hin zu überprüfen. In Kap. 8 wird eine Methode dargestellt, um das Antwortverhalten des Bewerbers quantifizierbar machen können. In Kap. 9 wird ein beispielhafter und relativ universell verwendbarer Gesprächsplan vorgestellt. Mit den Methoden, die in Kap. 10 beschrieben werden, wird der rein verbale Bereich verlassen und eine Methodik vorgestellt, um innerhalb des Vorstellungsgespräches zu einer Beobachtung realen Verhaltens zu gelangen. Gegenstand von Kap. 11 sind die eher durchführungstechnischen Rahmenbedingungen, die beim Vorstellungsgespräch relevant sind. Kapitel 12 befasst sich mit der systematischen Auswertung eines Vorstellungsgespräches. Kapitel 13 beschreibt verschiedene Methoden, mit denen man das Gesprächsverhalten trainieren kann. Das Verhältnis von Bauch- und Kopfentscheidungen wird im Kap. 14 diskutiert. Im Kap. 15 werden die Kernpaussagen des Buches noch einmal zusammengefasst, im Kap. 16 befinden sich Übungen und Beispiellösungen

Der Text verwendet die maskuline Wortform (Bewerber, Interviewer etc.). Die Bezeichnung bezieht weibliche Formen mit ein und wurde aus Gründen der vereinfachten Lesbarkeit gewählt.

Sowohl die vorgestellte Gesprächstechnik als auch die Gesprächsinhalte sind konform mit dem „Allgemeinen Gleichbehandlungsgesetz" (AGG).

Literatur

Fruhner, R., & Schuler, H. (1987). *Bewertung eignungsdiagnostischer Verfahren zur Personalauswahl durch potenzielle Stellenbewerber*. Vortrag beim 14. Kongress für Angewandte Psychologie des BDP, Mainz.

Gniech, G. (1982). *Störeffekte in psychologischen Experimenten*. Stuttgart: Kohlhammer.

Untersuchung zur Brauchbarkeit des Interviews 2

Der Zahlenwert einer Validitätsangabe bedeutet Folgendes: Je näher der Zahlenwert sich dem Wert „1" annähert, desto höher ist die Validität und damit die Vorhersagbarkeit, je näher der Wert bei „0" liegt, desto geringer ist die Validität. So berichten zum Beispiel Eckhardt und Schuler (1992) von 0,14 und Schmidt und Hunter (1998) von max. 0,3. Die Validität und somit die Brauchbarkeit des Interviews wird daher in allen Studien als eher gering bewertet. Auch Untersuchungen zur so genannten „inkrementellen Validität" wie zum Beispiel Schmidt und Hunter (1998), bei denen es um die Frage geht, welchen Zusatznutzen das Interview bringt, wenn man es mit anderen Verfahren kombiniert, stellen dem Vorstellungsgespräch ein sehr schlechtes Zeugnis aus. Da die Ergebnisse dieser Untersuchungen immer in die gleiche Richtung weisen, hat sich der Fokus der Forschung in den letzten Jahren geändert und die Fragestellung heißt nun immer öfter: Wodurch kommen Unterschiede in der Brauchbarkeit von Interviews zustande?

Die oben zitierten Meta-Analysen beziehen sich auf „das Interview". Bei der Führung von Interviews gibt es jedoch beträchtliche Unterschiede. Die Bandbreite reicht dabei von einem „Smalltalk" bis zu komplexen und standardisierten Interviewsystemen. Daher ist die Vermutung sicherlich nicht unberechtigt, dass die Validität eines „guten" Interviews deutlich höher liegt als die eingangs berichteten Durchschnittswerte. Je nach der Qualität des Interviews (und natürlich auch der Kompetenz des Interviewers) gibt es eine sehr hohe Spreizung der Validitätswerte.

Die neuere Forschung beschäftigt sich mit der Frage, wie man die Validität der Interviews steigern kann. Mit Maßnahmen der Validitätssteigerung kann man Validitätswerte erreichen, die in der Größenordnung alternativer, aber meist aufwändigerer Verfahren (z. B. Assessment-Centern) liegen. So sind zum Beispiel anforderungsbezogene Interviews valider als Interviews, die wenig Anforderungsbezug aufweisen, strukturierte Interviews sind valider als unstrukturierte (z. B. Wiesner und Cronshaw 1988). Deller et al. (1992) berichten von Validitätskoeffizienten von 0,45 bei der Verwendung eines situativen Interviews. Harris (1989) ermittelte für ein anforderungsbezogenes und hochstrukturiertes Interview bessere Validitätswerte als bei anderen Interviews. Die Validität des Interviews kann also durchaus die Werte erreichen, die sonst nur mit aufwändigeren Verfahren erreicht werden können.

Fasst man die Bedingungen zusammen (z. B. Schuler et al. 1991; Sarges 2013), die die Validität eines Einstellungsinterviews beeinflussen, so ergibt sich folgendes Bild:

Ursachen für geringe Validitäten des Interviews

- Fehlender oder mangelnder Anforderungsbezug der Fragen
- Unzulängliche Verarbeitung der aufgenommenen Information durch den Interviewer
- Geringe Beurteiler-Übereinstimmung
- Dominantes Gewicht früher Gesprächseindrücke
- Emotionale Einflüsse auf die Urteilsbildung
- Beanspruchung des größten Teils der Gesprächszeit durch den Interviewer

Demgegenüber kann die Validität des Interviews gesteigert werden durch:

Faktoren, die die Validität des Interviews erhöhen

- Anforderungsbezogene Gestaltung des Interviews,
- Durchführung des Interviews in strukturierter beziehungsweise (teil-)standardisierter Form,
- Einsatz mehrerer Beurteiler,
- Formen des Gruppengespräches (ähnlich einem Assessment-Center),
- Training der Interviewer.

Die nachfolgenden Kapitel dieses Buches sind so aufgebaut, dass sie diesen Faktoren zur Steigerung der Validität entsprechen.

Über die reine Vorhersage des zu erwartenden beruflichen Erfolges mit Hilfe statistischer Validitäten hinaus hat das Interview auch noch weitere Funktionen. Diese nicht in reinen Zahlen zu fassende, aber dennoch relevante Art der Validität wird als „soziale Validität" bezeichnet. Der Begriff der „sozialen Validität" wurde von Schuler und Stehle (1983) geprägt und umfasst alle Aspekte, die den eignungsdiagnostischen Prozess zu einem sozial akzeptablen Prozess machen. Die soziale Validität lässt sich aus der Sicht des Bewerbers und aus der Sicht des Unternehmens betrachten.

Soziale Validität aus der Sicht des Unternehmens

Schuler et al. (1991) befragten Personalfachleute, wie sie die Validität, Praktikabilität und Akzeptanz verschiedener Auswahlverfahren (Interviews, Psychologische Tests, Arbeitsproben, Assessment-Center etc.) einschätzen. In Bezug auf Praktikabilität und Akzeptanz erhielt dabei das Interview die besten Beurteilungen, in der Kombination aller drei Faktoren ebenfalls. Ein persönliches Gespräch ermöglicht ein persönliches Kennenlernen und das Feststellen von Sympathie und Antipathie, die zwar nicht in direkter Relation zur „Eignung" des Bewerbers im engeren Sinne, jedoch in starker Relation zu dessen „Passung" stehen.

Soziale Validität aus der Sicht des Bewerbers
Bisher wurde die Validität des Interviews nur aus der Sicht des Unternehmens betrachtet. Man kann die Einschätzung der Qualität des Interviews jedoch als ein Auswahlkriterium aus der Sicht des Bewerbers auffassen. Dass Bewerber dieses Kriterium tatsächlich als relevant betrachten, konnte zum Beispiel in einer Untersuchung von Schuler und Moser (1993) nachgewiesen werden. Demnach kommt einer möglichst kompetenten Gesprächsführung durch den Interviewer eine zentrale Bedeutung zu. Der Bewerber lernt die Organisation personifiziert durch den Interviewer kennen und generalisiert die Einschätzung des Interviewers auf die Einschätzung der Gesamtorganisation.

Die oben beschriebenen Aspekte müssen berücksichtigt werden, wenn man eine Bewertung der Brauchbarkeit des Interviews in der Praxis vornimmt. In den nachfolgenden Kapiteln werden Methoden aufgezeigt, mit deren Hilfe es möglich ist, die Limitierungen, denen das Interview unterliegt, zu begrenzen.

Die Validität des Interviews darf auch nicht nur nach absoluten Zahlen beurteilt werden, sie muss auch immer mit den Validitäten anderer Verfahren und dem jeweils benötigten Aufwand verglichen werden, um die Nützlichkeit bewerten zu können. Die Validitätswerte liegen für Tests, bestimmte Arten von Fragebögen und Assessment-Center-Verfahren bei ca. 0,4 bis 0,5. Bei der Bewertung der Nützlichkeit des Interviews ist zusätzlich zu der reinen Validität auch noch die Ökonomie des Verfahrens in Rechnung zu stellen. Das Interview ist rein praktisch (jedoch eher vermeintlich) leicht durchzuführen und bedarf (zumindest vordergründig) relativ geringer Vorbereitung. Ein Interview, das die angegebenen Validitätswerte für alternative Verfahren erreicht, ist somit aufgrund der ökonomischeren Durchführung anderen Verfahren vorzuziehen.

Literatur

Deller, J., Kleinmann, M., & von Hahn, E. (1992). Das situative Interview. *Personalführung*, 6, 186.

Eckhardt, H. H., & Schuler, H. (1992). Berufseignungsdiagnostik. In R. S. Jäger, & F. Petermann (Hrsg.), *Psychologische Diagnostik*. Weinheim: Psychologie Verlags-Union.

Harris, M. M. (1989). Reconsidering the employment interview: A review of recent literature and suggestions for future research. *Personnel Psychology*, 42, 691–726.

Sarges, W. (2013). *Management-Diagnostik*. Göttingen: Hogrefe.

Schmidt, F., & Hunter, J. (1998). The validity and utility of selection methods in personnel psychology: Practical and Theoretical Implications of 85 years of research findings. *Psych. Bull.*, 124(2), 262.

Schuler, H., & Moser, K. (1993). Entscheidung von Bewerbern. In K. Moser, W. Stehle, & H. Schuler (Hrsg.), *Personalmarketing*. Göttingen: Hogrefe.

Schuler, H., & Stehle, W. (1983). Neuere Entwicklungen des Assessment-Center-Ansatzes, beurteilt unter dem Aspekt des sozialen Validität. *Zeitschrift für Arbeits- und Organisationspsychologie*, *27*, 33.

Schuler, H., Frier, D., & Kaufmann, M. (1991). Validität, Praktikabilität und Akzeptanz eignungsdiagnostischer Verfahren in der Einschätzung der Verwender. In H. Schuler, & U. Funke (Hrsg.), *Eignungsdiagnostik in Forschung und Praxis*. Stuttgart: Verlag für Angewandte Psychologie.

Wiesner, W. H., & Cronshaw, S. F. (1988). A meta-analytic investigation of the impact of interview format and degree of structure on the validity of the employment interview. *Journal of Occupational Psychology*, *72*, 275.

Den Bewerber zum Sprechen bringen 3

Neben der Fertigkeit, den Bewerber generell zum Sprechen zu bringen, kann im Vorstellungsgespräch ein weiteres potenzielles Problem für den Gesprächs*führenden* (den Interviewer) die Aufrechterhaltung des Gespräches darstellen. Dies ist zwar im Prinzip eine generelle kommunikative Fähigkeit, im Vorstellungsgespräch ist sie jedoch besonders gefordert, da der Bewerber in aller Regel, bedingt durch die Natur des Vorstellungsgespräches, eher die passive Rolle innehat, was die „Führung", d. h. die Strukturierung und den Ablauf des Gespräches betrifft. Der Interviewer hat, zumindest aus der Sicht des Bewerbers, ja in der Regel einen Gesprächsplan und weiß (anscheinend) genau, was er von dem Bewerber erfragen will. Daher wird der Bewerber sehr wahrscheinlich dem Interviewer weitgehend die „Führung" und Lenkung des Gespräches überlassen. Dies ist dem Bewerber nicht anzukreiden, da es sich bei dem Bewerbungsgespräch strukturell um eine eher asymmetrische (Macht-)Situation handelt. Für den Interviewer handelt es sich um eine besondere kommunikative Situation, da er, anders als bei einem „normalen" Gespräch, weniger damit rechnen kann, dass der Gesprächspartner seinen Teil zu der Gesprächssteuerung beiträgt. Der Bewerber wird zwar auf der inhaltlichen Ebene bemüht sein, möglichst viel Information an den Mann (in diesem Fall den Interviewer) zu bringen, die Entscheidung, welche Fragen zu welchen Themenbereichen jedoch gestellt werden und wie das Gespräch strukturiert wird, liegt dabei im Gegensatz zu „normalen" Gesprächen fast vollständig beim Interviewer. Der Interviewer ist daher doppelt belastet. Er muss einerseits seine Aufmerksamkeit auf das inhaltlich vom Bewerber Gesagte lenken, andererseits muss er parallel dazu einen Teil seiner Aufmerksamkeit dazu verwenden, den Fortgang des Gespräches zu steuern.

Aus den genannten Gründen kann es für den Interviewer schwierig sein, den Gesprächsfluss in Gang zu halten und den Bewerber dazu zu bringen, bei einem möglichst großen Teil des Gespräches aktiv zu sein. In diesem Kapitel geht es darum, wie man sich die Aufgabe, das Gespräch zu steuern und den Gesprächsfluss aufrechtzuerhalten, möglichst leicht machen kann ohne den Zwang, permanent neue Fragen generieren zu müssen und stattdessen einen großen Teil der eigenen Aufmerksamkeit für die Antworten des

Bewerbers zur Verfügung zu haben. Um dies zu ermöglichen, eignen sich besonders zwei kommunikative Techniken: das Stellen offener Fragen und die systematische Nutzung von Zusammenfassungen.

3.1 Offene (weite) und geschlossene (enge) Fragen

Die Art der Fragestellung beeinflusst in ganz besonderer Form den möglichen Verlauf eines Gespräches. Je nachdem, wie eine Frage gestellt ist, regt sie zu einer ausführlichen oder zu einer weniger ausführlichen Beantwortung an. So genannte „geschlossene" oder „enge" Fragen fordern dazu auf, kurz und knapp beantwortet zu werden, sie können mit „Ja", „Nein", einer Zahl oder irgendeinem anderen Fakt sehr knapp beantwortet werden. Der Fragende muss sich daher bei der häufigen Verwendung geschlossener Fragen sofort wieder neue Fragen ausdenken, die der Befragte dann eventuell wiederum sehr knapp beantwortet usw. Eine „offene" („weite") Frage dagegen kann meist nicht nur kurz und knapp beantwortet werden, sie lässt dem Befragten eher die Möglichkeit, Vieles und Unterschiedliches auf die Frage zu antworten. Die offene Frage schneidet dabei den Themenbereich, um den es gehen soll, gewissermaßen nur an. Der Befragte kann dann im ersten Schritt selber wählen, wie intensiv und in welche Richtung er antworten will. Zur Beantwortung einer geschlossenen Frage muss der Befragte nur in geringem Umfang seine Aufmerksamkeit aktivieren, die entsprechende Antwort ist meist nach nur sehr kurzem Nachdenken gefunden. Bei der offenen Frage dagegen muss der Befragte in größerem Umfang nachdenken.

Beispiel 1

Auf die geschlossene Frage: „Wie viel Stunden arbeiten Sie derzeit pro Tag?", kann die Antwort zum Beispiel sein: „Sieben Stunden." Der Befragte hat dann korrekt und umfassend geantwortet, der Fragende muss nun eine neue Frage stellen, was für ihn auf die Dauer natürlich sehr anstrengend sein kann.

In eine offene Frage umformuliert, die auf den gleichen Inhalt abzielt, kann die Frage zum Beispiel lauten: „Wie sehen Ihre derzeitigen Arbeitsbedingungen aus?" Der Befragte kann nun wählen, in welcher Weise er die Frage beantwortet. Er kann zum Beispiel die Arbeitsorganisation ansprechen, das Verhältnis zu den Kollegen, die Orte, an denen er arbeitet, die Kunden, die Bezahlung etc. oder natürlich auch die Arbeitszeiten. Spricht er die Arbeitszeiten dabei nicht von sich aus an, kann der Fragende zu diesem Thema weitere Fragen stellen. Er kann dies zum Beispiel wiederum mit einer relativ offenen Frage tun, zum Beispiel: „Wie sind die zeitlichen Rahmenbedingungen bei Ihrer derzeitigen Arbeit?" Der Befragte hat nun wieder mehrere Möglichkeit, auf die Frage zu antworten, er kann zum Beispiel über den Arbeitsbeginn sprechen, über das Arbeitsende, über die Pausenregelung, über die Lage des Urlaubs, über Überstunden, über saisonale Schwankungen etc. oder natürlich darüber, wie viele Stunden er täglich arbeitet. Spricht er dies wiederum nicht von sich aus an, hat der Fragende er-

3.1 Offene (weite) und geschlossene (enge) Fragen

neut die geschlossene Frage dazu als neue Frage im Hinterkopf. Geschlossene Fragen haben den Nachteil, dass sie fast immer suggestiv sind.

Beispiel 2

Auf die geschlossene Frage: „Arbeiten Sie gerne im Team?", kann der Befragte sehr schnell mit „Ja" oder „Nein" antworten (er wird natürlich fast immer mit „Ja" antworten). Eine Frage, die letztendlich auf den gleichen Inhalt abzielt, aber dem Befragten über die reine Stellungnahme zur Teamarbeit hinaus potenziell wesentlich mehr mögliche Themenbereiche für die Antwort lässt, könnte zum Beispiel sein: „Welche Arbeitsbedingungen sind für Sie wichtig?" Der Befragte kann darauf zum Beispiel über die Arbeitszeiten, die technische Ausstattung des Arbeitsplatzes, die Beziehung zum Vorgesetzten etc. oder natürlich auch über die Arbeit im Team reden. Tut er dies nicht von sich aus, so kann der Fragende dieses Thema mit einer weiteren (idealerweise möglichst offenen) Frage ansprechen, dies könnte zum Beispiel die Frage sein: „Was erwarten Sie von Ihren Kollegen?" Der Befragte kann nun über deren Qualifikation, deren Alter etc. sprechen oder auch über die Zusammenarbeit mit den Kollegen. Tut er das wiederum nicht von sich aus, so kann der Fragende später immer noch geschlossene Fragen zu diesem Thema stellen.

Die Erfahrung zeigt, dass Bewerber oftmals tatsächlich auf viele Fragen nur mit „Ja" oder „Nein" antworten. Dies ist umso häufiger der Fall, je unsicherer und nervöser ein Bewerber ist. Ebenso wird dieser Antwortstil eher bevorzugt, je geringer die Ausbildung des Bewerbers ist. Aber auch bei gesprächigen Bewerbern führen geschlossene Fragen zu einem sehr knappen Antwortverhalten. Beeinflusst der Interviewer durch seinen Fragestil (geschlossene Fragen) den Antwortstil des Bewerbers so, dass der Bewerber fast zwangsweise kurz und knapp antwortet, so sagt dieses Antwortverhalten des Bewerbers wenig über ihn aus. Natürlich ist es interessant zu wissen, wie sich der Bewerber in kommunikativen Situationen verhält, ob er zum Beispiel wenig gesprächig, kurz angebunden etc. ist. Dies ist jedoch nur dann erfahren, wenn der Bewerber nicht von vorneherein durch die verwendete Frageart in diesen Antwortstil gedrängt wird. Wenn dies der Fall ist, so sind die Informationen, die aus dem Antwortstil des Bewerbers ableitbar sind, gleich Null. Daher ist es günstiger, dem Bewerber durch die Verwendung offener Fragen die Freiheit zu lassen, in der für ihn typischen Art und Weise zu antworten. Reagiert er dann auf offene Fragen kurz angebunden und mit knappen Antworten, ist es relativ sicher, dass dieses Antwortverhalten tatsächlich etwas über die Person des Bewerbers aussagt.

Antwortet der Bewerber auf eine geschlossene Frage mit einer kurzen und knappen Antwort, so kommt es häufig vor, dass der Fragende seine geschlossene Frage noch dadurch zu retten versucht, dass er eine „Warum-Frage" nachschiebt und so versucht, den Bewerber doch noch zum Sprechen zu bringen. Die „Warum-Frage" hat aber den Nachteil, dass sie (zumindest bei häufiger Verwendung) einen Verhörstil erzeugt, was sich dann schnell negativ auf die Beziehungsebene auswirken kann. Der Bewerber kann sich durch

„Warum-Fragen" leicht zur Rechtfertigung gedrängt fühlen. Daher sollte die „Warum-Frage" (insbesondere zur „Rettung" einer geschlossenen Frage) möglichst vermieden werden.

3.1.1 Die Logik der offenen Frage

Im nachfolgenden Abschnitt wird ein Schema vorgestellt, mit dem offene Fragen generiert werden können.

Zu der angestrebten Frage wird ein Themengebiet gesucht, das die Frage mit beinhaltet, aber auch noch zusätzlich andere Themen zulässt. Eine Art „Oberthema" zu der jeweiligen Frage wird gesucht und dazu eine Frage formuliert (siehe Abb. 3.1).

Vorgehen beim Generieren offener Fragen (siehe Abb. 3.2):

1. Überlegen Sie sich, was Sie inhaltlich erfahren wollen, formulieren Sie dazu spontan eine Frage.
2. Prüfen sie, ob die entsprechende Frage nicht offener gestellt werden könnte. Formulieren Sie die Frage gegebenenfalls offener um.
3. Behalten Sie die geschlossene Frage als Nachfrage im Hinterkopf.

Formale Konstruktion offener Fragen

Es ist möglich, sich diese Art der Fragestellung sehr formal anzutrainieren (siehe Abb. 3.3). Dazu sieht man sich die spontan formulierte Frage zunächst an und prüft, ob diese Einschränkungen enthält. Danach muss nur noch diese Einschränkung beseitigt werden und die Frage ist offener.

Die Frage: „Wie viele Stunden arbeiten Sie pro Tag?" enthält die Einschränkung „pro Tag" und „arbeiten". Mit dieser Art der Fragestellung teilt man dem Bewerber implizit

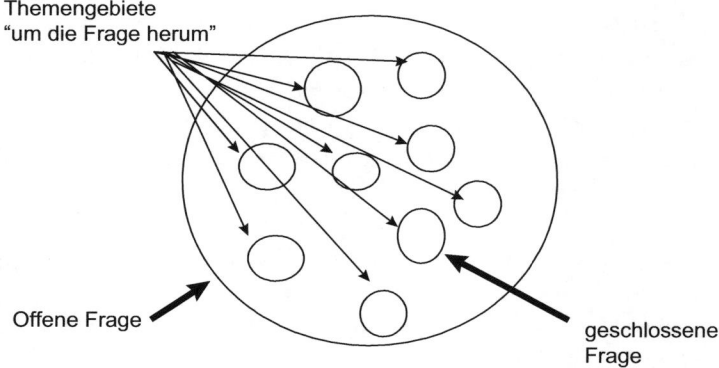

Abb. 3.1 Offene Fragen

3.1 Offene (weite) und geschlossene (enge) Fragen

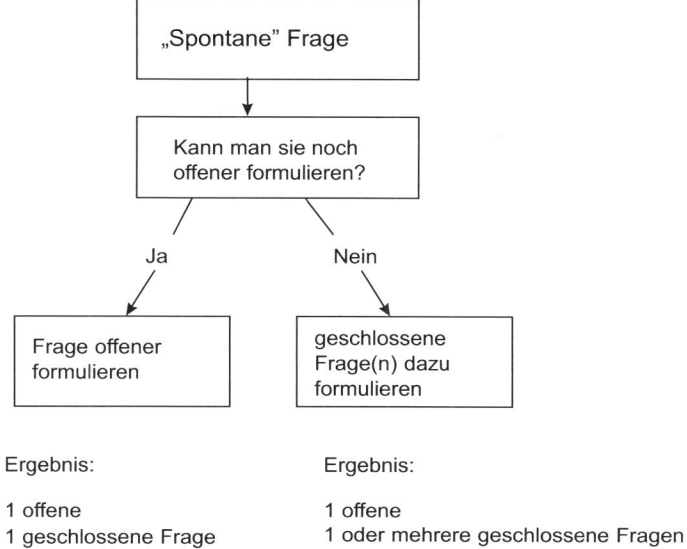

Abb. 3.2 Konstruktion offener (weiter) Fragen

mit, er solle bitte nichts erzählen über die Wochen-Monats-Jahresarbeitszeit („pro Tag") sowie nicht über das Leben außerhalb der Arbeit („arbeiten"). Eine offenere Frage wäre zum Beispiel: „Wie gestalten Sie Ihre Zeit?"

Die Frage: „Wie beurteilen Sie die Zukunft Ihres Berufs?", enthält die Einschränkung „Zukunft" und fordert damit den Bewerber zwischen den Zeilen auf, zum Beispiel nichts über die derzeitige Beurteilung des Berufs zu erzählen. Eine offenere Frage wäre zum Beispiel: „Wie beurteilen Sie Ihren Beruf?"

In der Frage: „Was macht Ihnen an Ihrem Beruf Spaß?", steckt die Einschränkung „Spaß". Man fordert damit den Bewerber auf, nichts über die negativen Aspekte seines

Abb. 3.3 Formale Konstruktion offener Fragen

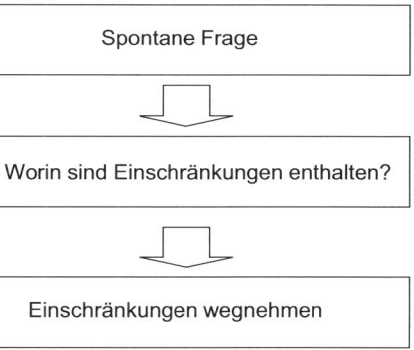

Berufes zu sagen. Eine offene Frage, die diese Einschränkung vermeidet, wäre zum Beispiel: „Wie sehen Sie die Vor- und Nachteile Ihres Berufes?"

Warum ist es notwendig, das Formulieren offener Fragen zu üben? Fragen, die uns spontan einfallen, sind in der Regel eher geschlossene Fragen. Das Formulieren geschlossener Fragen braucht man nicht zu üben. Offene Fragen fallen uns dagegen nur selten spontan ein. Daher kann man das Formulieren offener Frage nicht oft genug üben. Man braucht im Gespräch auch nicht zu befürchten, dass zu viele offene Fragen gestellt werden. Die Befürchtung sollte eher sein, dass man die Fragen im Gespräch zu geschlossen stellt. Es ist kaum möglich, in der Realsituation beim Stellen offener Fragen über das Ziel hinauszuschießen.

Zusätzlicher Effekt der offenen Frage
Auf eine offene Frage wird in der Regel vom Befragten mehr verbales Material geliefert als auf eine geschlossene Frage. Daher ist die Wahrscheinlichkeit höher, dass der Befragte Inhalte äußert, die mit darauf aufbauenden offenen (oder auch geschlossenen) Fragen weiter hinterfragt werden können.

Spricht der Befragte zum Beispiel auf die (offene) Frage: „Welche Arbeitsbedingungen sind für Sie wichtig?" nicht wie vom Fragenden beabsichtigt, über Teamarbeit, sondern zum Beispiel über die technische Ausstattung des Arbeitsplatzes, hat der Befragte ein neues Themengebiet eröffnet, das mit neuen (zunächst vielleicht wieder offenen, später dann eher geschlossenen) Fragen weiter diskutiert werden kann (siehe Abb. 3.4). Die ursprünglich beabsichtigte Frage nach der Teamarbeit kann zusätzlich natürlich immer noch gestellt werden.

Mit Hilfe offener Fragen kann so, ausgehend von einer spezifischen Frage, die Zahl der Fragen wesentlich erhöht werden, ohne dass sich der Fragende permanent neue Fragen ausdenken muss, der Befragte hilft dem Fragenden gewissermaßen bei der Generierung neuer Fragen, indem er von sich aus zusätzliche Themenbereiche anspricht.

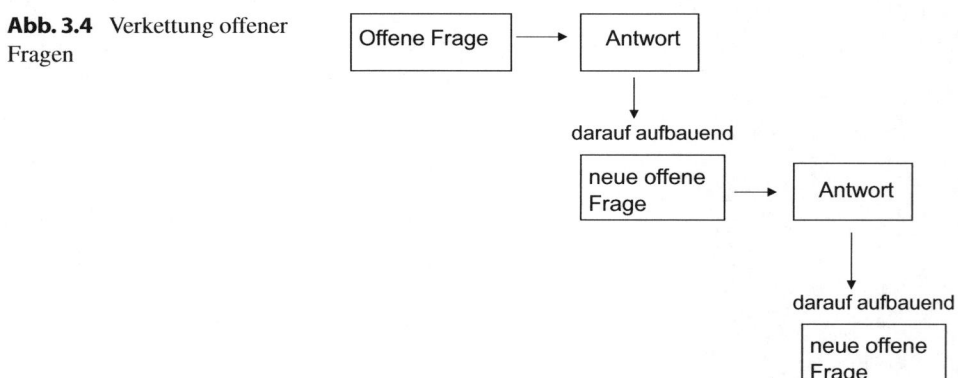

Abb. 3.4 Verkettung offener Fragen

3.1 Offene (weite) und geschlossene (enge) Fragen

Reihenfolge von offenen und geschlossenen Fragen

Für die Abfolge offener und geschlossener Fragen ist es günstig, bei der Besprechung eines Gebietes zuerst möglichst viele offene Fragen zu verwenden. Erst dann, wenn der Bewerber von sich aus nicht alle relevanten Punkte anspricht, kann man zu geschlossenen Fragen übergehen (Abb. 3.5).

Effekt auf die Beziehungsebene

Wird der Bewerber mit sehr vielen geschlossenen Fragen konfrontiert, so erhält das entsprechende Gespräch schnell den Charakter eines Verhöres, insbesondere dann, wenn eben geschlossene Fragen „Warum"-Fragen folgen. Bei einem derart gestalteten Gespräch regt sich beim Bewerber mit hoher Wahrscheinlichkeit nach kurzer Zeit ein „innerer Widerstand" zur Beantwortung der Fragen. Offene Frage haben somit neben dem Erleichtern des Gesprächsflusses für den Fragenden auch noch einen positiven Effekt auf die Gesprächsatmosphäre.

Nachfolgend sind einige Beispiele aufgeführt, die auf den gleichen Inhalt abzielen, zuerst ist die spontane geschlossene (enge) Frage aufgeführt, danach eine offenere (weite) Frage, die die jeweilige geschlossene Frage beinhaltet, aber darüber hinaus noch einige weitere Antworten des Bewerbers zulässt.

- Welches Fach haben Sie studiert? (geschlossen)
    - Was sind Ihre Interessengebiete? (offen)
- Haben Sie sich bei uns wegen des Standortes beworben? (geschlossen)
    - Wie war Ihre Bewerbungsstrategie? (offen)
- Wollen Sie in einem Team arbeiten? (geschlossen)
    - Was erwarten Sie von Ihrer Tätigkeit? (offen)
- Können Sie am 1. des Monats anfangen? (geschlossen)
    - Wie flexibel sind Sie? (offen)
- Haben Sie den letzten Tag gut verbracht? (geschlossen)
    - Wie gestaltet sich Ihr Tagesablauf? (offen)
- Wollen Sie Abteilungsleiter werden? (geschlossen)
    - Wie stellen Sie sich Ihre berufliche Zukunft vor? (offen)
- Haben Sie Abitur? (geschlossen)
    - Wie war Ihr Lebensweg? (offen)

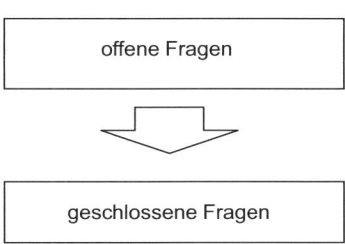

Abb. 3.5 Abfolge offener und geschlossener Fragen im Gespräch

- Treiben Sie in der Freizeit Sport? (geschlossen)
  - Wie sieht Ihre Freizeitgestaltung aus? (offen)
- Können Sie eigenverantwortlich arbeiten? (geschlossen)
  - Wie arbeiten Sie am liebsten? (offen)

3.1.2 Formale Aspekte

Auch mit einer formalen Prüfung ist leicht festzustellen, ob eine Frage eher offen oder eher geschlossen gestellt ist.

Offene Fragen
Offene Fragen beginnen in der Regel mit einem „W", sie werden daher gelegentlich auch „offene W-Fragen" genannt. Sie enthalten zum Beispiel Frageworte wie:

- „Wie kam es ... ?"
- „Was waren die Gründe für ... "
- „Wie sieht ... aus?"
- „Welche ... ?"

Geschlossene Fragen
Sie beginnen häufig mit Worten wie zum Beispiel:

- „Sind ... ?"
- „Ist ... ?" ...
- „Glauben Sie ... ?"
- „Werden Sie ... ?"
- „Würden Sie ... ?"
- „Haben Sie ... ?"
- „Gibt es ... ?"
- „Können Sie ... ?"

Neben der Auswirkung auf den Gesprächsfluss und die Beziehung zwischen den Gesprächspartnern hat das Stellen offener Fragen noch einen dritten Effekt. Dieser betrifft die Gesprächs*führung*. Wenn der Bewerber geschickt ist, kann er die Pause nach der knappen Beantwortung einer geschlossenen Frage, in der der Interviewer die nächste Frage überlegt, dazu nutzen, das Gespräch in die von ihm gewünschte Richtung auszubauen und somit den Verlauf des Gespräches entscheidend zu beeinflussen. Bei der häufigen Verwendung geschlossener Fragen entsteht leicht die Gefahr, einen Teil der Steuerung des Gespräches an einen geschickten Bewerber zu verlieren. Der Bewerber kann die „kommunikativen Lücken" dazu nutzen, das Gespräch zu steuern.

3.1.3 Vorteile offener Fragen

Nachfolgend sind noch einmal die Hauptvorteile der offenen (weiten) Frageart aufgeführt.

- Sie erhöhen die Wahrscheinlichkeit, dass der Befragte viele Informationen liefert, an die der Fragende dann weiter anknüpfen kann, und befreien den Fragenden außerdem zu einem gewissen Grad vom häufigen Generieren neuer Fragen.
- Sie bieten dem Befragten die Freiheit, sich denjenigen Aspekt der Frage herauszugreifen, über den er reden möchte. Ist dies nicht der vom Fragenden beabsichtigten Aspekt, kann dieser immer noch (z. B. auch mit geschlossenen Fragen) nachfragen.
- Werden viele geschlossene Fragen gestellt, so sagt man damit auch (implizit) etwas darüber aus, wie sich der Fragende die Beziehung zwischen Bewerber und Interviewer vorstellt (vgl. Kap. 3). Bei geschlossenen Fragen entsteht schnell der Eindruck, dass der Fragende sich in die superiore und der Bewerber in die inferiore Position begibt. Offene Fragen sind dagegen dazu geeignet, eine Gleichheit der Beziehung zwischen Fragendem und Bewerber zu signalisieren. Das Signalisieren von möglichst viel Gleichheit in der Beziehung ist beim Bewerbergespräch besonders wichtig, da ja die Bewerbungssituation von Natur aus eine asymmetrische ist (zumindest beim derzeitigen und wohl auch künftig zu erwartenden Arbeitsmarkt).
- Sie fordern zu ihrer Beantwortung vom Befragten ein höheres Maß an geistiger Beteiligung als geschlossene Fragen.
- Der Stil der Beantwortung offener Fragen sagt etwas über das Kommunikationsverhalten des Befragten aus.
- Offene Fragen sind in der Regel deutlich weniger suggestiv als geschlossene Fragen.

3.2 Zusammenfassen

Ein weiteres einfaches und dennoch sehr effizientes Mittel, um den Gesprächsfluss aufrechtzuerhalten, ist das Zusammenfassen. Wenn es in einem Gespräch nicht mehr weitergeht, fehlt die Orientierung nach vorne. Mit dem Zusammenfassen kann diese Problematik umgangen werden, indem man gewissermaßen „rückwärts denkt" und das zurückliegende Gespräch noch einmal thematisiert. Ist der Weg nach vorne momentan blockiert, nimmt man der Weg zurück, um das Gespräch fortzuführen (Abb. 3.6).

Zusätzlich zum einfachen Zusammenfassen gibt es noch einige Varianten der Zusammenfassung.

3.2.1 Fragendes Zusammenfassen

Die Zusammenfassung kann auch dazu verwendet werden, das bis zu diesem Zeitpunkt Gesagte komplett zusammenzufassen, oder dazu, das zuletzt Gesagte zu wiederholen.

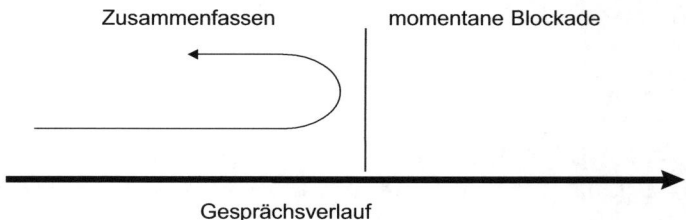

Abb. 3.6 Zusammenfassen als „Rückwärtsgehen" im Gespräch

Abb. 3.7 Fragendes Zusammenfassen

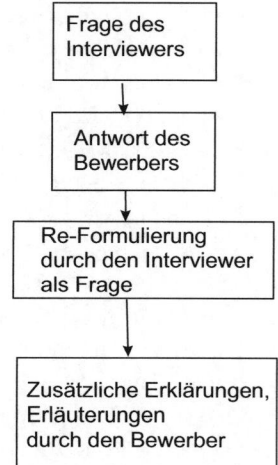

Wiederholt man nur das zuletzt Gesagte, so kann man dies auch tun, indem man das Gesagte einfach als Frage wiederholt, etwa dadurch, dass man das Gesagte wörtlich wiederholt und dabei am Ende des Satzes die Stimme hebt. So wird aus einer Feststellung eine Frage, auf die der Bewerber sehr wahrscheinlich mit einer Stellungnahme, einer näheren Erklärung etc. reagiert (siehe Abb. 3.7).

> **Beispiel**
> Der Bewerber sagt: „Ich war zehn Jahre im Gymnasium."
> Der Interviewer wiederholt: „Sie waren zehn Jahre im Gymnasium?"

Sprechen Sie die folgenden beiden Sätze laut nach:

„Sie waren zehn Jahre im Gymnasium."
„Sie waren zehn Jahre im Gymnasium?"

Der erste und der zweite Satz bestehen aus exakt den gleichen Worten, der erste Satz ist jedoch eine Aussage, der zweite dagegen ein Frage. Der phonetische Unterschied besteht

3.2 Zusammenfassen

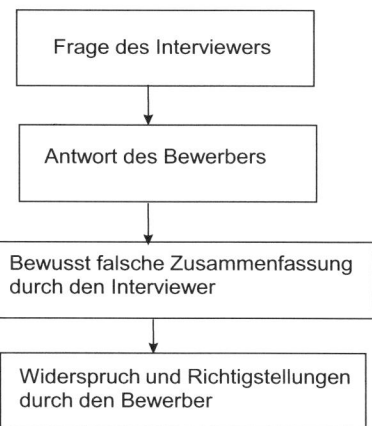

Abb. 3.8 Bewusst falsches Zusammenfassen

lediglich in der Stimmhöhe am Ende des Satzes. Heben Sie die Stimme dabei, wird aus der Aussage (lediglich durch eine paraverbale Veränderung) eine Frage. Testen Sie in Ihrer natürlichen Umgebung die Wirkung einer als Frage gesprochenen Aussage. Sie werden sehen, dass der Gesprächspartner in aller Regel darauf reagiert, indem er von sich aus zu der rein phonetisch erzeugten Frage Stellung nimmt.

3.2.2 Bewusst falsches Zusammenfassen

Eine weitere Variante des Zusammenfassens stellt das falsche Zusammenfassen dar. Obwohl der Interviewer dabei genau weiß, was der Bewerber zuvor gesagt hat, fasst er das Gesagte falsch zusammen. Dies führt fast automatisch zum Widerspruch und zur Korrektur durch den Bewerber, das Gespräch ist somit wiederum im Gange. Beim falschen Zusammenfassen kann man gar nichts falsch machen. Wenn etwas tatsächlich falsch verstanden wurde, wird diese falsche Erinnerung korrigiert, wird die bewusst falsche Zusammenfassung gezielt eingesetzt, so erzeugt es den gewünschten Widerspruch des Bewerbers (siehe Abb. 3.8).

3.2.3 Zusammenfassung durch den Bewerber

Eine weitere, für den Interviewer noch bequemere Variante des Zusammenfassens ist es, den Bewerber das bisherige Gespräch zusammenfassen zu lassen. Man erhält dadurch zusätzlich die Information, ob der Bewerber das bisherige Gespräch aus einer Meta-Ebene heraus betrachten kann oder sehr stark im eigentlichen Gespräch verhaftet ist. Diese Variante des Zusammenfassens sollte natürlich innerhalb eines Gespräches nur ein-, maximal zweimal eingesetzt werden.

Auswirkungen des Zusammenfassens auf die Beziehungsebene

Das Zusammenfassen hat neben der Funktion, den Gesprächsfluss sicherzustellen, auch noch Auswirkungen auf die Gesprächsatmosphäre. Der Bewerber bemerkt das Bemühen des Interviewers, die Informationen aufzunehmen und zu speichern. Der Interviewer signalisiert so dem Bewerber sein Interesse im Sinne eines aktiven Zuhörens. Analog kann dieser Prozess mit der Arbeitsweise eines Computers beschrieben werden: Mit dem Zusammenfassen zeigt der Interviewer dem Bewerber, dass er nicht nur ein „internes" Programm abspult, sondern dass er die durch den Bewerber gegebene Information „abspeichert". Dem Bewerber wird implizit mitgeteilt, dass er Zugriff auf den Speicher des Interviewers hat.

3.2.4 Zusammenfassen und Informationsverarbeitung

Natürlich hat das Zusammenfassen auch für den Interviewer eine wichtige Gedächtnisfunktion. Es dient dem schon erwähnten notwendigen Abgleich, ob er die Informationen des Bewerbers auch richtig verstanden hat, und steigert den Grad der „Elaboration" der Information durch den Interviewer. Der Begriff der Elaboration (Craig und Lockard 1972) stammt aus der Gedächtnisforschung und beschreibt den Zusammenhang zwischen der „Verarbeitungstiefe" einer Information und der Behaltensleistung. Je größer die Verarbeitungstiefe ist, die einer Information zuteilwird, desto größer ist die zu erwartende Behaltensleistung. Wenn man zum Beispiel einen vorgelesenen Text nur hört, ist der Gedächtniseffekt sehr gering. Liest man den Text selber, ist er etwas höher, schreibt man ihn ab, ist der Effekt auf die Behaltensleistung noch etwas höher. Fasst man den Text mit eigenen Worten zusammen, so ist der Behaltenseffekt noch etwas höher. Analog verhält es sich bei der Informationsverarbeitung im Interview. Das reine Hören der Informationen, die der Bewerber liefert, hat einen nur geringen Effekt auf die Behaltensleistung, ein paar Stunden später wird man sich an das meiste dessen, was man nur gehört hat, nicht mehr erinnern können. Schreibt man (stichwortartig) mit (vgl. Kap. 13), so treten zwei Effekte auf: Erstens ist die Information dann schriftlich fixiert und somit später greifbar, zweitens ist die Information besser im eigenen Gedächtnis verankert und braucht die Hilfe der Unterlagen eigentlich kaum noch. Werden die Informationen des Bewerbers während des Gespräches verbal zusammengefasst, so ist dies sicher die aktivste Form der Informationsverarbeitung, die ein Interviewer im Gespräch betreiben kann.

Typische Formulierungen für das Zusammenfassen

- „Lassen Sie mich noch einmal zusammenfassen ..."
- „Habe ich richtig verstanden, dass ...?"
- „Ich möchte an dieser Stelle kurz ein Fazit ziehen."
- „Wenn ich es richtig verstanden haben, meinen Sie ..."
- „Stelle ich mir richtig vor, dass ...?"
- „Ist es Ihnen recht, wenn ich schreibe ...?"

3.3 Beispiele einfordern

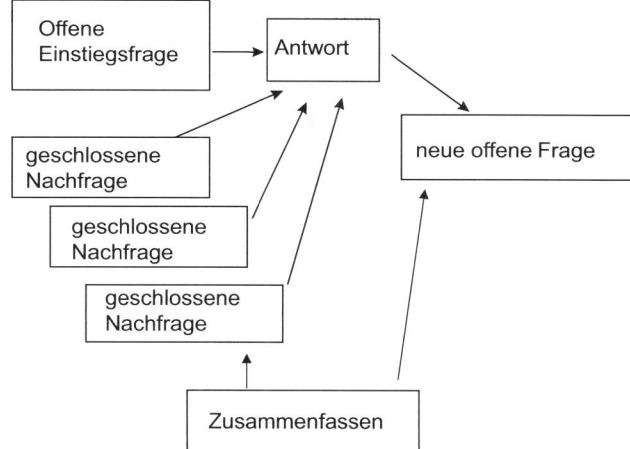

Abb. 3.9 Verkettung von offenen und geschlossenen Fragen und Zusammenfassungen

Die beschriebenen Techniken der offenen Fragen und des Zusammenfassens können angewandt werden, um aus relativ geringem eigenem Fragematerial des Interviewers einen hohen verbalen Output durch den Bewerber zu erzeugen (siehe Abb. 3.9).

3.3 Beispiele einfordern

Durch die Art der Fragestellung kann die Menge der Informationen, die der Bewerber liefert, wesentlich gesteuert werden. Eine weitere Möglichkeit, Informationen vom Bewerber zu erhalten, ist es, Beispiele zur Verdeutlichung des von ihm Gesagten zu fordern. Die Technik des Einforderns von Beispielen wird im nächsten Kapitel behandelt, das sich mit dem Thema Nachfragen und Konkretisierungen befasst, da die Technik auch für diese Zwecke von Bedeutung ist. Nicht selten reagieren Bewerber auf die Frage nach Beispielen damit, dass sie angeben, im Moment falle ihnen auf die Schnelle kein konkretes Beispiel ein. Man macht es dem Bewerber schwerer, sich auf diese Art um die Beantwortung der Frage zu drücken, indem gefragt wird: „Gibt es ein konkretes Beispiel?", „Gibt es eine konkrete Situation?" etc. Auf diese Fragen fällt es dem Bewerber leicht, zu sagen: „Nein, im Moment fällt mir dazu nichts ein." Daher ist es immer besser, bereits in der Formulierung der Frage die Möglichkeit, dass es keine Beispiele gibt, gar nicht erst zuzulassen und dagegen zu unterstellen, dass es diese Beispiele auf jeden Fall gibt. Die Frage kann lauten: „Geben Sie ein Beispiel für …" oder: „Beschreiben Sie eine konkrete Situation, in der Sie …"

Auswirkung auf die Beziehungsebene
Häufig ist es schwierig, dem Bewerber ein konkretes Beispiel abzuringen. Viele Interviewer geben sich dann aufgrund des zähen Gesprächsverlaufes mit diesem mühsam erkämpften Beispiel zufrieden. Ist dies der Fall, so merkt der Bewerber dann auf der Be-

ziehungsebene, dass der Interviewer solchermaßen zähe Gesprächspassagen meidet, und er hat somit eine Möglichkeit, das Gesprächsverhalten des Interviewers zu steuern. Um dagegen noch weitere Beispiele zu erhalten, kann weitergefragt werden: „Geben Sie ein weiteres Beispiel für ..." (nicht: „Gibt es noch weitere Beispiele für ...?"). Um dieser unter Umständen schwierigen Gesprächssituation von vorneherein vorzubeugen, kann der Interviewer von Beginn an auch gleich mehrere Beispiele einfordern, zum Beispiel mit der Formulierung: „Geben Sie drei konkrete Beispiele für ...". Wichtig dabei ist dann allerdings, dass der Interviewer auf der Meta-Ebene die Beispiele mitzählt und die eventuell noch fehlenden Beispiele auch konsequent einfordert, zum Beispiel mit der Formulierung: „Das waren jetzt zwei Beispiele, wie lautet das dritte?" Tut er dies nicht konsequent, so demonstriert er dem Bewerber wiederum, dass seine Fragen nicht ernst gemeint sind, und zeigt dem Bewerber dadurch, dass es akzeptiert wird, wenn dieser die Beantwortung der Fragen unterläuft. Das Einfordern einer gewissen Anzahl konkreter Beispiele stellt eine hervorragende Möglichkeit dar, dem Bewerber implizit mitzuteilen, dass der Interviewer die gestellten Fragen ernst meint, dass er die Beantwortung der Fragen einfordert, dass er auf der Meta-Ebene das Gespräch steuert und dass er sich nicht vom Bewerber manipulieren lässt. Daher ist es günstig, zwei bis drei solcher Fragen frühzeitig im Gespräch zu stellen und so die Beziehung zu definieren.

In Kap. 16 sind die Übungen „Offene und geschlossene Fragen", „Offene Fragen formulieren" und „Paraphrasieren" aufgeführt, mit denen man gezielt üben kann, den Bewerber zum Sprechen zu bringen.

Literatur

Craig, F. I. M., & Lockard, R. S. (1972). Levels of processing: A framework for memory research. *Journal of Learn. Verb. Behav.*, *11*, 671.

Konkret werden 4

Das konkrete Beschreiben scheint für viele Menschen eine generelle Schwierigkeit darzustellen, im Vorstellungsgespräch potenziert sich diese Schwierigkeit jedoch. Daher ist es für den Interviewer außerordentlich wichtig, einen zufriedenstellenden Konkretheitsgrad im Gespräch herzustellen. Im therapeutischen Bereich ist es häufig ähnlich schwer, zum Beispiel auf die Frage nach konkreten körperlichen Beschwerden oder nach bestimmten Gedanken (z. B. in Stresssituationen) eindeutige Antworten zu bekommen. Die Fähigkeit zur Introspektion, die im Bewerbungsgespräch immer dann gefordert ist, wenn es um die Beschreibung von Bewertungen, Reaktionen oder zurückliegender Situationen geht, ist anscheinend, wie viele andere Fähigkeiten auch, normal verteilt und ein Teil der Personen hat demnach diese Fähigkeit nur in geringem Ausmaß. Ein weiterer Grund für das häufige diffuse Antworten liegt wohl in der Lektüre von Bewerberratgebern. Dort wird teilweise explizit empfohlen, sehr vage zu antworten. So empfiehlt zum Beispiel DeLuca (1997): „Hüten Sie sich vor nachfassenden Fragen." „Die alte Regel: Gib nur so viel, dass sie noch mehr wollen" ist auch im Falle des Bewerbungsgespräches gültig. Wie in der Werbung und beim Marketing gilt, dass man nicht jedes Detail eines Produktes beschreiben muss, um den Kauf anzuregen, es reicht, wenn genug „Verkaufspunkte" angesprochen werden, um die Bedürfnisse des Käufers zu befriedigen. „Teilen Sie Informationen, wenn es Ihnen hilft. Halten Sie Informationen zurück, wenn Sie deren Information als nachteilig ansehen." Yate (1990) empfiehlt zum Beispiel auf die Frage nach dem angestrebten Gehalt die Antwort: „Wenn ich für die Stelle der Richtige bin, wie ich glaube, machen Sie mir zweifellos ein faires Angebot." Der Informationsgehalt einer solchen Antwort ist für den Interviewer natürlich gleich Null. Auch Politiker sind gut bedient, wenn sie möglichst unkonkrete Aussagen treffen. Ein prominentes Beispiel für den Verstoß gegen diese Regel und dessen fatale Folgen stellte Rudolf Scharping dar. Im Rahmen der ständig wiederkehrenden Debatte um Steuererhöhungen meldete er sich mit der wohlfeilen Forderung zu Wort, dass die „Besserverdienenden" höher besteuert werden sollten. Der Begriff „Besserverdienende" ist dabei geradezu hypnotischer Natur, da er für sich genommen gar nichts aussagt und deshalb von jedem mit einem individuellen Sinn gefüllt werden kann. In der

Regel heißt die Interpretation des Begriffes „besser verdienend" besser *als ich* verdienend. Natürlich findet es jeder gut, wenn die so definierten „Besserverdienenden" mehr Steuern zu bezahlen haben. In einem Interview machte Scharping dann jedoch den Fehler das Gehalt eines Besserverdienenden zu beziffern und zwar mit 30.000 Euro. Das löste Unmut aus, da nun die Begriffshülle „besser verdienend" plötzlich mit Inhalt gefüllt wurde und viele Leute feststellten, dass sie ja dann zu der Gruppe der Besserverdienenden gehören, die dann natürlich nicht mehr Steuern zahlen sollten. Diesen Kardinalfehler der Konkretisierung versuchte Scharping dann in der Folge zu relativieren, indem er die 30.000 Euro nicht als Bruttogehalt, sondern als zu versteuerndes Einkommen bezeichnete. Als dann immer noch zu viele Leute in diese Kategorie fielen, wich er darauf aus, dass er ja eigentlich das Nettogehalt gemeint hatte. Dieses Beispiel zeigt, wie man mit wohlfeilen und eher abstrakten Begriffen sehr schnell die Zustimmung der Mitmenschen finden kann. Wenn man jedoch konkret wird, verliert man diese (Schein-)Zustimmung oft genauso schnell.

Das diffuse Antworten wird zusätzlich noch dadurch begünstigt, dass viele Bewerber die vermeintlich erfolgreichen Antworten auf Standardfragen im Interview auswendig gelernt haben. Diese Strategie funktioniert natürlich nur, wenn die vorgefertigten und von den Ratgebern empfohlenen Antworten so allgemein gehalten sind, dass sie auf viele Situationen passen. Ganz egal woher die Tendenz des Bewerbers zur unkonkreten Beantwortung konkreter Fragen herrührt, ist es für den Interviewer notwendig, die Antworten des Bewerbers zu konkretisieren, um verwertbare Informationen zu erhalten. Ein Beispielfall aus der Praxis:

Praxisbeispiel

Ein Elektroniker hatte laut Unterlagen Erfahrungen mit einem speziellen Prozessor, die Arbeit mit diesem Prozessor war eine zentrale Aufgabe der zu besetzenden Stelle. Alles schien auf den ersten Blick zu passen. Beim Nachfragen und Konkretisieren wandelte sich das Bild sehr schnell. Auf die Frage, wie er denn den Prozessor einschätze, sagte der Bewerber, der Prozessor sei sehr gut. Auf die Frage, worin denn die spezifischen Vorteile des Prozessors im Vergleich mit anderen Prozessoren lägen, wusste er keine Antwort. Daraufhin nachgefragt, wie er dann auf die Verwendung eben dieses Prozessors gekommen sein, gab er an, dass die amerikanische Konzernmutter die Verwendung dieses Prozessors vorgegeben hatte. Der Eigenanteil des Ingenieurs an der Auswahl und dem Einsatz des Prozessors war gleich Null. Wäre dieses Thema nicht hinterfragt worden, wäre man fälschlicherweise davon ausgegangen, dass der Bewerber ein Experte für den Einsatz von Prozessoren sei.

Auf eine konkrete Frage (F) können zum Beispiel folgende eher allgemeine Antworten (A) kommen:

F: „In welchen Punkten wollen Sie an sich arbeiten?"
A: „Das Berufsleben eines Ingenieurs ist ein lebenslanger Lernprozess, man lernt nie aus."

A: „Ich möchte mich verbessern."
A: „Man kann sich ständig verbessern."
F: „Was hat Sie an unserer Firma besonders beeindruckt?"
A: „Alles ist beeindruckend."
A: „Die Technik, die Maschinen, die Produkte."

Da in Vorstellungsgesprächen häufig solche diffusen Antworten gegeben werden, ist es nützlich, im Vorfeld einige Formulierungen bereitzuhalten, um die Antworten des Bewerbers auf ein möglichst konkretes Niveau zu bringen. In der praktischen Interviewführung ist es zumindest am Anfang günstig, sich im Vorfeld einen Pool von Einstiegs- und darauf folgenden Nachfragen zu erstellen, da die spontane Generierung der Nachfragen im realen Interview sehr wahrscheinlich schwierig wird.

Typische Formulierungen, um ein Thema zu konkretisieren

- „Wie muss ich mir das konkret vorstellen?"
- „Wie sieht das ganz konkret aus?"
- „Was ist Ihr persönlicher Beitrag zu . . . ?"
- „Wie waren die Rahmenbedingungen dabei?"
- „Das müssen Sie noch etwas genauer erklären."
- „Geben Sie eine konkretes Beispiel für . . . "
- „Wann/Wie ist . . . genau passiert?"
- „Wer hat genau was getan?"

4.1 Effekte des Konkretisierens

Das Nachfragen hat folgende Effekte:

Bessere Verwertbarkeit der erhaltenen Information
Erstens dient das Konkretisieren zur besseren Beurteilung und Einordnung des Gesagten. Mit allgemeinen Antworten kann der Fragende wenig anfangen, der Informationsgewinn ist bei allgemeinen Antworten sehr gering. Die Konkretisierung steigert den Informationsgehalt der erhaltenen Antworten.

Personenbezogene Informationen
Zweitens kann der Befragte mit relativ allgemeinen Antworten leichter über Dinge reden, die ihn selber nur wenig betreffen, er kann zum Beispiel über Firmenpolitik, Handlungsweisen anderer Kollegen, theoretische Ansichten etc. sprechen. Im Vorstellungsgespräch kommt es jedoch darauf an, den Bewerber selber möglichst genau kennenzulernen. Je konkreter die Antwort, desto mehr sagt sie über den Befragten aus, je unkonkreter sie ist, desto weniger Informationen liefert sie über den Bewerber.

Auswirkungen auf die Beziehungsebene
Drittens wird mit dem Konkretisieren allgemeiner Antworten dem Befragten signalisiert, auf welcher Abstraktionsebene der Fragende bereit ist, das Interview zu führen. Je abstrakter das Interview geführt wird, desto weniger muss der Bewerber von sich preisgeben. Der Grad des Konkretisierens durch den Interviewer zeigt dem Bewerber, wie leicht (oder wie schwer) sich dieser in dem Gespräch „verstecken" kann.

Diagnostische Funktion
Viertens sagt der Antwortstil des Bewerbers auch etwas über das Kommunikationsverhalten des Bewerbers aus. Wenn er auf mehrere Fragen hin nicht zu einer Konkretisierung fähig ist, weiß der Interviewer zumindest, dass sich der Bewerber nicht oder nur sehr schwer präzise ausdrücken kann.

Auswirkungen auf den Gesprächsfluss
Je mehr Nachfragen zu der jeweiligen Einstiegsfrage gestellt werden, desto flüssiger verläuft das Gespräch, da der Interviewer nur die jeweilige Einstiegsfrage generieren muss (vgl. Kap. 5), die Technik des Nachfragens dagegen ist prinzipiell immer die gleiche. Eine gute Technik des Nachfragens erleichtert dem Interviewer daher (quasi als Dreingabe zum Erhalt besserer Informationen) die Aufrechterhaltung des Gespräches.

Messinstrument für die „Kontrolliertheit" beziehungsweise „Natürlichkeit" der Antworten
In Handbüchern für Bewerber sind viele der üblicherweise (und sinnvollerweise) gestellten Fragen abgedruckt und die jeweiligen „passenden" Antworten dazu werden gleich mitgeliefert. Diese vorformulierten Antworten sind dabei fast immer auf einem sehr allgemeinen Niveau gehalten (anders sind ja solche „guten" Antworten gar nicht zu veröffentlichen). In der Praxis entsteht immer wieder den Eindruck, dass sich die Bewerber bei der Beantwortung der Fragen tatsächlich an solchen vorformulierten, „guten" Antworten orientieren. Dieser Eindruck entsteht immer dann, wenn die Qualität der Antworten auf die Einstiegsfrage sich deutlich von der auf die Nachfragen unterscheidet. Die Unterschiedlichkeit der Art der Beantwortung von Einstiegs- und Nachfragen liefert somit einen guten Gradmesser dafür, inwieweit der Bewerber vorbereitet und somit vielleicht auch tendenziell verzerrt antwortet.

Den Bewerbern wird in der entsprechenden Literatur (z. B. Hesse und Schrader 2014; Püttner und Schnierda 2014) offensichtlich die Vorstellung vermittelt, dass der Interviewer eine Frage stellt, der Bewerber darauf antwortet, der Interviewer die Antwort auf die Qualität prüft (ob es eine gute oder eine schlechte Antwort war) und das Ganze beginnt von Neuem (siehe Abb. 4.1).

Diese Vorstellung von einem Interview kommt wohl daher, dass die allermeisten Autoren von Bewerberhandbüchern noch niemals in ihrem Leben ein Einstellungsgespräch auf der Seite des Arbeitgebers geführt haben und sich ein Bewerbungsgespräch eben in dieser Art vorstellen. Zudem gibt es tatsächlich solche Gespräche, wenn sie von weniger

4.1 Effekte des Konkretisierens

Abb. 4.1 Intuitives und durch „Ratgeber" verbreitetes Bild des Vorstellungsgespräches

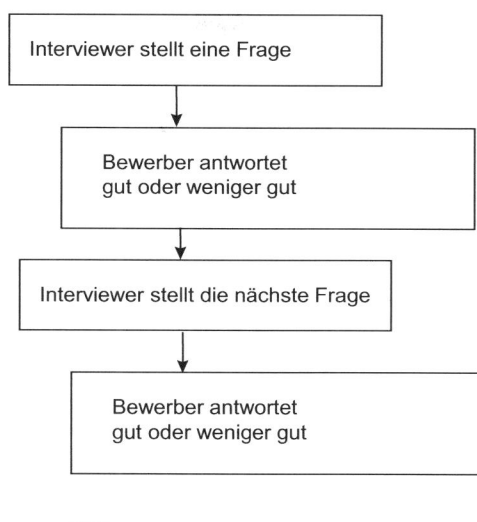

qualifizierten Interviewern geführt werden. Darüber hinaus ist dieses Modell dasjenige, das den Bewerbern aus mündlichen Prüfungssituationen, die ja in der Regel nach diesem Schema ablaufen, am ehesten vertraut ist. Somit kommen diese Ratschläge dem intuitiven Modell des Bewerbers sehr nahe und sind für ihn plausibel. Hierin liegt eine weitere Stärke des Konkretisierens durch Nachfragen (siehe Abb. 4.2): Der Bewerber wird durch die Art des Interviews überrascht. Ist dies der Fall, so wird er darauf sehr wahrscheinlich spontan, ohne kontrolliertes Vorgehen, „natürlich" reagieren.

Abb. 4.2 Tatsächliches Vorgehen bei einem „guten" Bewerbungsgespräch

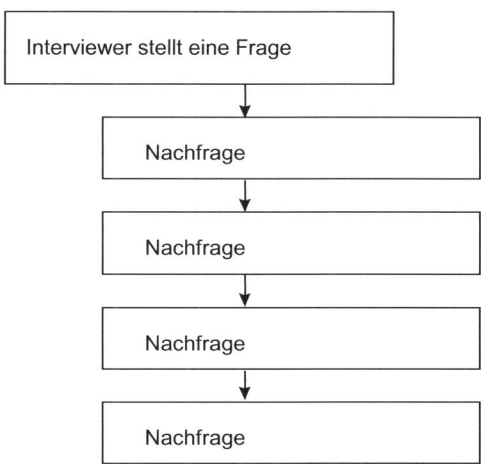

Wie konkret nun eine Antwort des Bewerbers sein sollte, damit sie einen möglichst hohen Informationsgehalt für den Interviewer hat, lässt sich nach folgendem Kriterium beantworten:

Eine Antwort ist immer dann konkret, wenn Sie genau wissen, wie sich der Befragte in einer speziellen Situation verhalten hat, welches sein persönlicher Beitrag ist oder war oder welche subjektive Bewertung er zu dieser Situation vornimmt. Formal ist dies häufig an der Verwendung des Wortes „Ich" durch den Bewerber zu erkennen. Ist dieser Konkretisierungsgrad nicht erreicht, so lohnt es sich auf jeden Fall, konkreter nachzufragen.

Beispiele für das Nachfragen
Nachfolgend sind Beispiele für Konkretisierungen aufgeführt. Auf die Frage (F) antwortet der Bewerber mit der Antwort (A), der Interviewer konkretisiert die diffuse Antwort (K).

Beispiel 1

F: „Woran arbeiten Sie derzeit besonders intensiv?"
A: „Wir sind bemüht, die Qualität bei gleichen Kosten zu verbessern."

Mögliche Konkretisierungen (K):

K: „Wer ist daran beteiligt?"
K: „Worin besteht Ihr konkreter Beitrag?"
K: „Wie sind dabei die Kompetenzen verteilt?"
K: „Wie sieht dieses Vorgehen anhand des letzten Beispiels, das Sie bearbeitet haben, konkret aus?"
K: „Wer hat die Aktivitäten initiiert?"
K: „Was werden Sie als Nächstes konkret angehen?"
K: „Wann werden Sie damit beginnen?"
K: „Welche Vorbereitungen haben Sie dazu jetzt bereits getroffen?"

Beispiel 2

F: „Welche Arbeitsbedingungen sind für Sie ideal?"
A: „Ein angenehmes Umfeld."
K: „Wie sieht das aus?"
A: „Keine Dauerfehden mit Kollegen."
K: „Was tun Sie, wenn dies nicht gegeben ist?"
A: „Den Umgang mit den Kollegen ändern."
K: „Gab es das in der letzten Zeit?"
A: „Ja."
K: „Um welches Problem ging es dabei?"
A: „Um die PC-Nutzung."
K: „Beschreiben Sie das bitte etwas näher."

4.2 Aufzählungen verlangen als eine Technik des Nachfragens

A: „Ein Kollege hat wichtige Dateien von mir gelöscht."
K: „Wie haben Sie darauf reagiert?"

Beispiel 3
F: „Wie gehen Sie mit Niederlagen um?"
A: „Man legt sich Strategien zurecht, damit umzugehen."
K: „Wie sehen diese Strategien aus?"
A: „Nach vorne schauen, und nicht mehr daran denken"
K: „Wann war dies das letzte Mal der Fall?"
A: „Vor drei Wochen"
K: „Wie hat sich das abgespielt?"

Nachfolgend einige Beispiele für Allgemeinplätze, die sehr häufig in Bewerbungsgesprächen auftreten und auf jeden Fall hinterfragt werden müssen, da sie in dieser allgemeinen Form auf fast alle Mitarbeiter und fast alle Betriebe zutreffen:

- Abläufe optimieren,
- Qualität verbessern,
- Aufgaben sach- und termingerecht erledigen,
- gutes Betriebsklima,
- Einsparungen erreichen,
- wirtschaftlich handeln.

4.2 Aufzählungen verlangen als eine Technik des Nachfragens

Diese spezielle Form des Nachhakens und Konkretisierens ist immer dann sinnvoll einzusetzen, wenn der Interviewer vom Bewerber gerne eine Antwort in Form einer Aufzählung hätte. Dabei kommt es häufig vor, dass der Bewerber auch nach dem Nachfragen nur eine Antwort gibt. Häufig gibt sich der Interviewer dann mit der mühsam gewonnenen einzigen Antwort zufrieden. Der Bewerber hat es dann geschafft, das Gespräch zu steuern und die ursprüngliche Intention der Frage des Interviewers zu unterlaufen. Dem kann der Interviewer dadurch begegnen, dass er die Antwort paraphrasiert und dann nach weiteren Inhalten fragt und nicht vor der Schwierigkeit kapituliert, den Bewerber tatsächlich dazu zu bringen, die geforderten Antworten zu liefern (siehe Abb. 4.3). Schreckt der Interviewer davor zurück, mit einiger Penetranz die Beantwortung seiner Frage in der gestellten Form auch einzufordern, so zeigt er dem Bewerber auf der Beziehungsebene, dass die Fragen gar nicht so ernst gemeint sind, dass er die Antworten in die Richtung steuern kann, die er für richtig hält. Es ist das legitime Recht des Interviewers, auf seine Fragen auch die intendierte Antwort zu erhalten, auch wenn dies unter Umständen für den Bewerber unangenehm sein könnte. Anhand des Umgangs mit solchen Fragen kann der Konstruktivitätslevel, auf dem das Gespräch ablaufen soll, definiert werden.

Abb. 4.3 Fordern von Aufzählungen

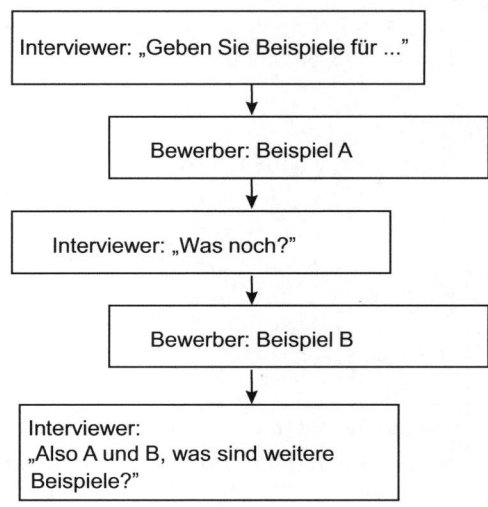

Beispiel für ein Verlangen von Aufzählungen (Aufz.)

F: „Was sind aus Ihrer Sicht ideale Arbeitsbedingungen?"
A: „Ein gut ausgestatteter Arbeitsplatz."
Aufz.: „Ein gut ausgestatteter Arbeitsplatz. Was noch?"
A: „Günstige Arbeitszeiten."
Aufz.: „Ein gut ausgestatteter Arbeitsplatz und günstige Arbeitszeiten sind Ihnen wichtig, was noch?"

etc.

Wichtig dabei ist es, dass nicht gefragt wird: „Gibt es noch weitere wichtige Dinge?", sondern dass dies vorausgesetzt wird, und man mit der Frage fortfährt: „Was gibt es noch für ... ?" Fragt man mit der Formulierung: „Gibt es noch weitere Dinge, die Ihnen wichtig sind?", so fällt es dem Bewerber leicht zu sagen: „Nein, das war das Wesentliche."

4.3 Umgang mit „Nichts" – „Noch nie"-Antworten

Eine Möglichkeit, mit der der Bewerber sich der Notwendigkeit einer Konkretisierung und der Nennung von konkreten Beispielen entziehen kann, ist, zu behaupten, ein konkretes Beispiel gäbe es nicht. Der Interviewer kann sich nun damit zufriedengeben oder er hat die Strategie des hypothetischen Fragens (siehe Abb. 4.4).

4.3 Umgang mit „Nichts" – „Noch nie"-Antworten

Abb. 4.4 Vorgehen beim hypothetischen Nachfragen

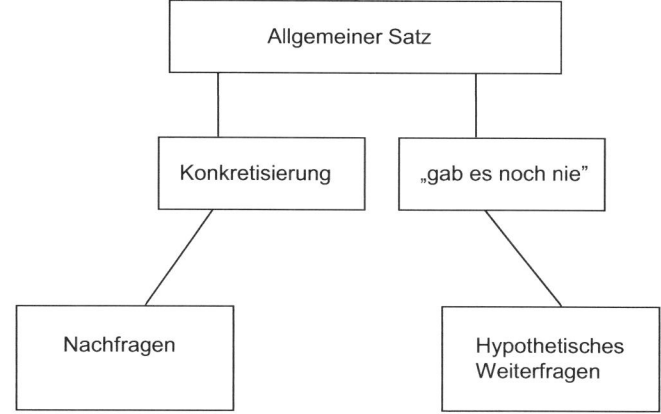

Eine solche Gesprächssequenz kann zum Beispiel folgendermaßen ablaufen:

F: „Was stört Sie am Verhalten von Kollegen?"
A: „Wenn sie Informationen nicht weitergeben."
K: „Wann war dies das letzte Mal der Fall?" (Nicht: „War dies schon einmal der Fall?")

Versuch der Konkretisierung:

A: „Nein, Gott sei Dank noch nie." („Noch nie"-Antwort)

Nun wäre diese Sequenz eigentlich beendet, der Interviewer kann jedoch auch hier noch weiterfragen. Das Weiterfragen kann mit Hilfe des hypothetischen Weiterfragens (HyFr) erfolgen, die obige Sequenz könnte zum Beispiel folgendermaßen fortgesetzt werden:

HyFr: „Wie glauben Sie, würden Sie reagieren, wenn dies einmal der Fall wäre?"
HyFr: „Wie haben Sie sich in ähnlichen Situationen verhalten, in denen dies passiert ist?"
HyFr: „Was müsste passieren, dass . . . ?"
HyFr: „Welche Bedingungen können Sie sich vorstellen, unter denen . . . ?"

Eine weitere Möglichkeit des Bewerbers, der Konkretisierung zu entweichen, besteht darin, Absichtserklärungen abzugeben, Aktionen in die Zukunft zu verlegen. Aber auch hier gibt es Möglichkeiten, zu konkretisieren und nachzufragen.

> **Beispiel**
>
> F: „Was haben Sie in den zurückliegenden zwei Jahren an Weiterbildungen gemacht?"
> A: „In den letzten zwei Jahren nichts, ich habe aber vor, ..."

Nachfragen:

- „Welchen zeitlichen Horizont haben Sie sich dabei vorgestellt?"
- „Was müssten Sie tun, um sich darauf vorzubereiten?"
- „Was hat Sie bisher daran gehindert?"
- „Welche Institutionen bieten ... an?"

Eine zusätzliche Möglichkeit, um auf eine „Das gab es bei mir noch nie"-Antwort zu reagieren, ist die Frage nach Beobachtungen im Umfeld.

> **Beispiel**
>
> „Sie haben aber doch sicher in Ihrer Umgebung schon beobachtet, dass ... Wie bewerten Sie das?"

> **Exkurs**
>
> Auch bei diesem Thema wird wieder die offene Fragestellung relevant. Auf die (geschlossene) Frage: „Haben Sie das schon mal erlebt?", kann der Bewerber sehr leicht mit „Nein" antworten. Man macht es dem Bewerber dagegen nicht so leicht, wenn man die Frage offen stellt, zum Beispiel: „Wie haben Sie ... in der Vergangenheit erlebt?", oder indem man den Bewerber auffordert: „Bitte beschreiben Sie ..."

Umgang mit den Antworten: „Noch nie", „Kenne ich nicht", „Bisher noch nicht"

1. Prävention:
   - Durch das Stellen offener und das Vermeiden geschlossener Fragen
2. Intervention:
   - Hypothetisches Nachfragen
   - Nachfragen von Beobachtungen

4.4 Einstiegs- und Nachfragen

Wenn man auf eine Einstiegsfrage (E) mehrere Nachfragen (N) folgen lässt, so lässt sich die Qualität der Antworten auf die Einstiegsfrage mit der Qualität der Antworten auf die Nachfragen vergleichen (siehe Abb. 4.5). Ist die Qualität der Antworten auf die Nachfragen geringer als die Qualität der Antworten auf die Einstiegsfrage, so kann man relativ sicher davon ausgehen, dass die Antwort auf die Einstiegsfrage antrainiert ist.

4.4 Einstiegs- und Nachfragen

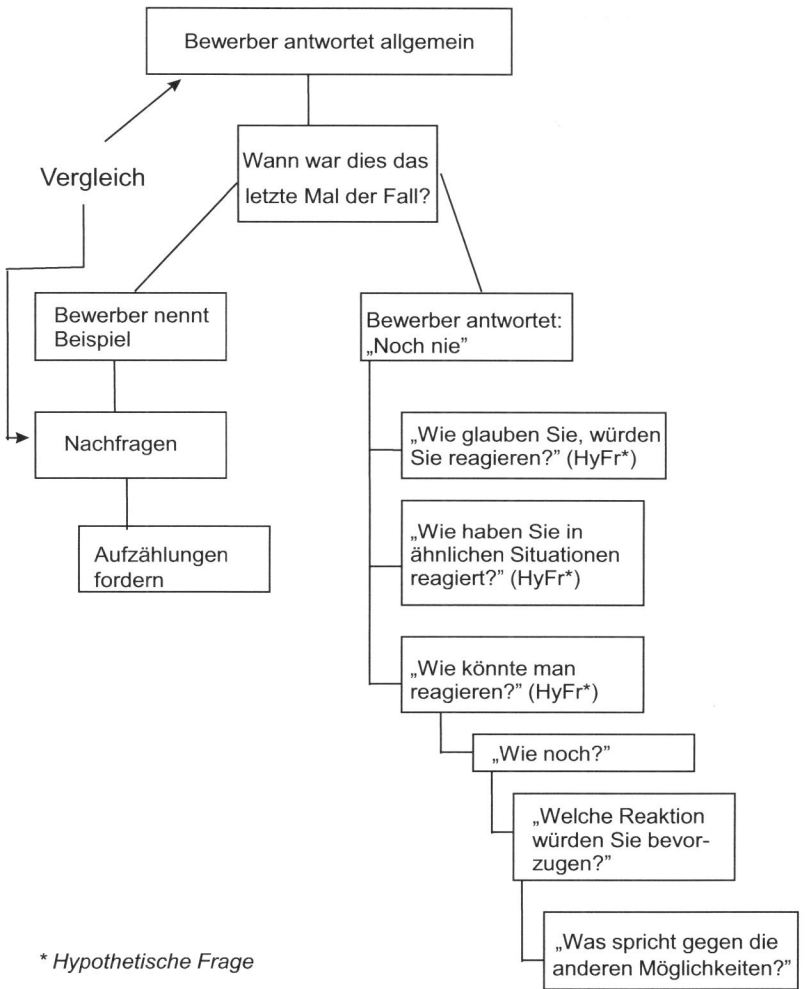

Hypothetische Frage

Abb. 4.5 Möglichkeiten des Konkretisierens

Beispiele für Einstiegs- und Nachfragen

E: „Wie beurteilen Sie Ihre Fähigkeit, mündlich zu präsentieren und Vorträge zu halten?"

Antwortet der Bewerber „gering", so wird dies wahrscheinlich der Realität entsprechen, antwortet er „sehr hoch", so kann dies der Realität entsprechen, aber auch einem Stereotyp folgen. Was tatsächlich vorliegt, kann man versuchen, mit den Nachfragen festzustellen.

Mögliche Nachfragen (N):

N: „Welche Präsentationen/Vorträge haben Sie bisher gehalten?"
N: „Wer waren die Zuhörer?"
N: „Wie haben Sie Rückmeldung über Ihren Erfolg erhalten?"
N: „Wie haben Sie sich vorbereitet?"
N: „Welche Ziele wollten Sie erreichen?"
N: „Haben Sie diese Ziele erreicht?"
N: „Woher wissen Sie das?"
N: „Welche Darstellungsformen haben Sie gewählt?"
N: „Welche Medien haben Sie benutzt?"
N: „Wann würden Sie welche Medien einsetzen?"
N: „Wie groß war der Zuhörerkreis?"
N: „Wie hat er sich zusammengesetzt?"
N: „Wann war der letzte Termin?"
N: „Wann ist der nächste Termin?"
N: „Wer arrangiert die Termine?"

Beispiel

E: „Glauben Sie, dass Sie gute Arbeit leisten?"

Antwortet der Bewerber „Nein", so wird dies wohl der Realität entsprechen, antwortet er „Ja", so kann dies dem suggerierten Stereotyp entsprechen oder ebenfalls Realität sein.

Mögliche Nachfragen:

N: „Welche Qualitätsstandards gibt es für Ihre Arbeit?"
N: „Wer hat diese definiert?"
N: „Wie verbindlich sind diese Standards?"
N: „Woher erhalten Sie Rückmeldung über die Qualität Ihrer Arbeit?"
N: „Welche Einflussfaktoren außer Ihrer Leistung beeinflussen Ihre Arbeit?"
N: „Was unterscheidet Sie von einem durchschnittlichen Mitarbeiter?"
N: „Vergleichen Sie Situationen, in denen Sie überdurchschnittliche und unterdurchschnittliche Leistungen erbracht haben?"

Beispiel

E: „Wie würden Sie Ihre Belastbarkeit einschätzen?"

(Antwortet der Bewerber „eher schlecht", so entspricht dies wahrscheinlich der Realität, antwortet er „überdurchschnittlich", kann dies wiederum Taktik sein oder der Realität entsprechen.)

Mögliche Nachfragen:

N: „Wie sieht der Stress an Ihrer Arbeitsstelle aus?"
N: „Beschreiben Sie eine Stresssituation in den letzten zwei Wochen"
N: „Was belastet Sie an Ihrer Arbeitsstelle am meisten?"
N: „Wodurch unterscheiden sich die Belastungen bei Ihrer Arbeitsstelle von denen anderer Arbeitsstellen?"
N: „Wie verändern sich Ihre Arbeitsergebnisse unter Belastung?"
N: „Was tun Sie, um den Stress an der Arbeitsstelle zu reduzieren?"
N: „Wie gewinnen Sie Distanz zu einem stressreichen Arbeitstag?"

Literatur

DeLuca, M. (1997). *Gratuliere, Sie haben den Job*. Wien: Überreuter.
Hesse, J., & Schrader, H. C. (2014). *Training Vorstellungsgespräch*. Freising: Stark Verlag.
Püttner, C., & Schnierda, U. (2014). *Das große Bewerbungshandbuch*. Frankfurt am Main: Campus.
Yate, M. J. (1990). *Das erfolgreiche Bewerbungsgespräch*. Frankfurt am Main: Campus.

Von der Worthülse zur individuellen Bedeutung – der zentrale Prozess

5

5.1 Die Schwierigkeit der Bedeutungsübertragung

Jeder kennt sehr wahrscheinlich diese Situation: Ein Ehepaar erzählt die Geschichte seines Lebens. Der Zuhörer gewinnt dabei oft den Eindruck, dass es sich um zwei völlig unterschiedliche Geschichten handelt, obwohl jeder der beiden Ehepartner darum kämpft, dass seine Version die „richtige" ist und er oder sie die Version schildert, wie es „wirklich" war. Das einfache „Röhrenmodell" der Kommunikation (der Sender gibt an einem Ende der Röhre etwas hinein, das dann den Empfänger am anderen Ende der Röhre erreicht) ist zu einer Erklärung dieses Phänomens wenig geeignet.

Schon auf einer rein neurophysiologischen Ebene ist es eben nicht so, dass ein physikalischer Reiz (z. B. eine Schallwelle) auf ein Organ (z. B. ein Ohr) trifft und damit eine innere Reaktion bewirkt, die genau der äußeren Reaktion entspricht, der Verarbeitungsprozess des physikalischen Reizes also weitgehend durch diesen selbst determiniert ist. Vielmehr ist es so, dass der physikalische Reiz auf ein Verarbeitungssystem trifft, das eine Eigendynamik hat und den auftreffenden physikalischen Reiz mehr oder weniger modifiziert. Die Außenwelt löst in unserem Nervensystem lediglich eine Reaktion aus, die dabei zu einem Großteil nicht durch die Außenwelt, sondern durch die Innenwelt determiniert ist. Somit können wir die Welt außerhalb unserer Körpergrenzen prinzipiell niemals objektiv erkennen, sondern nur denjenigen Teil, den unser Nervensystem zulässt. Unser Nervensystem ist kein Wiedergabemechanismus, sondern eher ein Sinnkonstruktionsgerät.

Grundsätzlich werden in der Kommunikation nur Schallwellen von einer Person zur anderen transportiert. Im Kopf des Senders befindet sich ein Gedanke, der dazu führt, dass über komplizierte neurophysiologische Prozesse die Stimmbänder in Vibration versetzt werden. An diesen wird dann Luft vorbeigeblasen und in Schwingung versetzt. Die Schwingung dringt nun an das Ohr des Empfängers. Dort werden diese Schallwellen in Nervenimpulse übersetzt, welche dann im Gehirn des Empfängers weiterbearbeitet werden. Außerhalb unserer Haut gibt es daher keine Sprache, keine Musik, keinen Lärm, nur Schallwellen.

Wenn wir Glück haben (besonders dann, wenn wir über Gegenstände sprechen) lassen sich unsere akustischen Botschaften durch andere Sinneseindrücke überprüfen und gegebenenfalls auch korrigieren. In Vorstellungsgesprächen dagegen redet man zum größten Teil über eher abstrakte Sachverhalte, die sich nicht unmittelbar durch andere Sinneswahrnehmungen korrigieren lassen.

In den meisten Fällen sprachlicher Kommunikation gibt es viele Worte, die keine festgelegte Bedeutung haben. Praktisch alle Ausdrücke, die unser Innenleben, also insbesondere auch Einschätzungen und Bewertungen betreffen (um die es im Vorstellungsgespräch hauptsächlich geht), sind kaum interindividuell zu definieren. Es ist zum Beispiel nahezu unmöglich, die interindividuelle Bedeutung von „kollegialem Verhalten" oder „kooperativer Führung" zu erkennen. Wenn Sie sich zum Beispiel eine rote Fläche ansehen, so bezeichnen Sie die Farbe dieser Fläche als „Rot". Andere Menschen tun dies wahrscheinlich auch. Welche innere Wahrnehmung Sie jedoch dabei haben, wenn Sie diese Fläche sehen, weiß ich nicht. Es kann sein, dass Sie eine völlig andere Wahrnehmung haben als ich. Wir haben lediglich gelernt, zu einer gewissen Art der Wahrnehmung „Rot" zu sagen. Je abstrakter, allgemein akzeptierter oder gefühlsmäßiger eine Äußerung ist, desto geringer ist die zu erwartende Schnittmenge. Diese individuelle Bedeutung entsteht vor dem Hintergrund der jeweiligen individuellen Lernerfahrungen. Radikal formuliert bedeutet dies, dass eine Bedeutungsübertragung zwischen zwei Gehirnen prinzipiell unmöglich ist. Die Bedeutungen müssen in den jeweiligen Gehirnen erst in einem Prozess der Wahrscheinlichkeitsabschätzung vor dem Hintergrund der eigenen Bedeutungswelt konstruiert werden (siehe Abb. 5.1). Die Konsequenz aus diesen Überlegungen ist, dass zwei Bedeutung erzeugende Systeme semantisch nicht untereinander in Kontakt treten können. Keine Bedeutung dringt in sie ein oder verlässt sie jemals. Die Bedeutungsbildung, die durch die Schallwellen initiiert wird, erfolgt auf der Basis dessen, was bereits *vorhanden* ist (siehe Abb. 5.2).

Leider sind wir uns im „normalen" Leben dieser Tatsachen eher nicht bewusst, sondern gehen davon aus, dass wir Bedeutungen übertragen können.

Abb. 5.1 Eine direkte Bedeutungsübertragung ist (leider) nicht möglich

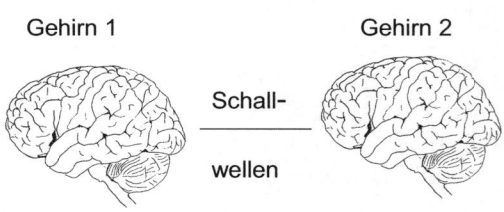

Keine Bedeutung verlässt jemals ein Gehirn oder dringt jemals in ein Gehirn ein. Die Bedeutung entsteht durch das, was bereits vorhanden ist. Die Schallwellen regen nur die INTERNE Bedeutungssuche an und erzeugen die Illusion einer Bedeutungsübertragung.

5.1 Die Schwierigkeit der Bedeutungsübertragung

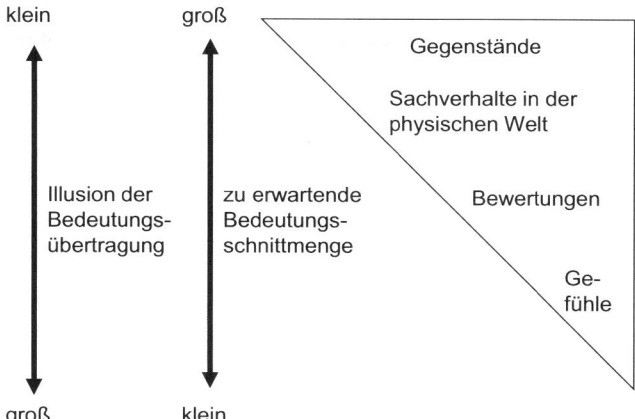

Abb. 5.2 Illusion und zu erwartende Schnittmenge

Verstehen ist so gesehen die Ausnahme, Missverstehen der Normalfall – nur merken wir oft nichts davon.

Man kann davon ausgehen, dass mindestens vier Prozesse am Transport von Information beteiligt sind, die nicht identisch zu sein brauchen. Erstens intendiert der Sender die Sendung einer Information. Das muss zweitens nicht zwangsläufig mit dem identisch sein, was er tatsächlich in Schallwellen fasst. Das, was der Sender in Form von Schallwellen gefasst hat, ist drittens nicht notwendigerweise das, was beim Empfänger ankommt. Das, was beim Empfänger ankommt, ist viertens nicht notwendigerweise das, was auch dessen Intention entspricht und somit verstanden wird. Geht man nun davon aus, dass sich die oben beschriebenen vier Prozesse jeweils auf vier verschiedene Seiten einer Nachricht beziehen können, ist die Verwirrung komplett. Die Wahrscheinlichkeit, dass genau diejenige Seite der Nachricht beim Empfänger ankommt, die der Sender intendiert hat, liegt bei vier hoch vier, also bei einem 256tel.

Die Komplexität der Kommunikation hört sich nun vielleicht abstrakt und theoretisch an, hat aber weitreichende praktische Konsequenzen für das Vorstellungsgespräch. Man kann diese sehr schnell plastisch machen, indem man in Seminaren den Teilnehmern eine sehr kurze Geschichte erzählt, zum Beispiel:

„Ein Vorgesetzter hatte einen Mitarbeiter nicht zu einer Gehaltserhöhung vorgeschlagen. Der Mitarbeiter reichte seine Kündigung ein. Das wurde von den Kollegen bedauert, denn er war allgemein beliebt. Es wurde viel darüber diskutiert, ob man etwas unternehmen sollte."

Die Geschichte besteht aus drei relativ einfachen Sätzen. Man kann nun den Teilnehmern zu dieser Geschichte verschiedene Aussagen vorstellen und die Teilnehmer entscheiden lassen, ob diese Aussagen richtig, falsch oder fraglich sind.

Seminare bieten die Möglichkeit daraufhin eine Auswertung vorzunehmen, welchen Fehler die Teilnehmer begehen. Dazu kann man die Antworten der Teilnehmer mit der richtigen Lösung vergleichen und dann analysieren, worin die Fehlzuordnungen bestehen. Dabei gibt es zwei relevante Fehlerarten:

Abb. 5.3 Fehlerpräferenz unseres Gehirns: Wahrscheinlichkeitsabschätzung

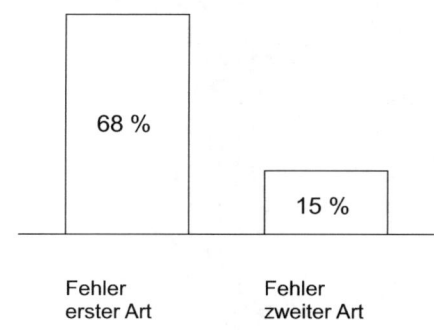

Die erste Fehlerart besteht darin, dass man Aussagen der Kategorie „richtig" beziehungsweise „falsch" zuordnet, die eigentlich in die Kategorie „fraglich" gehören. Die zweite Fehlerart besteht darin, dass Aussagen, die eindeutig „richtig" oder „falsch" sind, fälschlicherweise der Kategorie „fraglich" zugeordnet werden. Bei Hunderten von Teilnehmern ergibt sich dabei eine prozentuale Verteilung wie in Abb. 5.3.

Unser Gehirn bevorzugt ganz offensichtlich stark den Fehler erster Art, indem es eher Sachverhalte annimmt als sie ignoriert. Diese Tendenz ist im Vorstellungsgespräch sehr hinderlich.

Aus diesem Sachverhalt kann man leicht einige Eigenheiten unserer Wahrnehmung ableiten. Die Kategorie „fraglich" ist systematisch sehr unterrepräsentiert. Unser Gehirn mag diese Kategorie offensichtlich nicht besonders. Das verwundert auch nicht, da unser Gehirn ein Organ ist, das der Informationsverarbeitung dient und sich dabei ständig auf die Suche nach digitalen Zuständen (richtig/falsch) begibt. Unser Gehirn scannt die Umgebung ständig nach verwertbarer Information ab. Dabei begeht es eher den Fehler, etwas zu „halluzinieren" als etwas zu übersehen. Es scheint statistisch eher auf das Begehen eines Fehlers der ersten Art (Alpha-Fehler), als auf die Vermeidung eines Fehlers der zweiten Art (Beta-Fehler) programmiert zu sein. Die Kategorie „fraglich" stört dabei nur Bei einem Computer gibt es diese Kategorie auch nicht. Im „normalen" Leben ist diese Tendenz des Gehirns nicht problematisch, im Vorstellungsgespräch dagegen wird sie zu einem substanziellen Problem. Dort nämlich geht es schwerpunktmäßig darum, *Nicht*-Informationen zu suchen, damit tut sich unser Gehirn jedoch sehr schwer. Die Evolution wusste nichts von der Notwendigkeit und daher wurde unsere Informationsverarbeitung eher auf andere Anforderungen zugeschnitten. Im Vorstellungsgespräch ist es notwendig, das Gehirn als ein Instrument zu verwenden, das *Nicht*-Informationen aufspürt. Das ist jedoch ein sehr untypischer Modus, der einer besonderen Anstrengung und natürlich der Übung bedarf.

Das vom Gehirn praktizierte Verfahren, um mit dieser uneindeutigen bis unmöglichen Bedeutungsübertragung zurechtzukommen, ist eine Wahrscheinlichkeitsabschätzung, die es ermöglichen soll, eigentlich unverständliche Äußerungen doch noch mit Bedeutung zu versehen. Diese Wahrscheinlichkeitsabschätzung läuft unbewusst ab, wir nehmen in der Regel nur das Ergebnis (die Interpretation) wahr, nicht jedoch das Zustandekommen

5.1 Die Schwierigkeit der Bedeutungsübertragung

Abb. 5.4 Der „blinde Fleck" auf der Netzhaut

Der „blinde Fleck" auf der Netzhaut erzeugt ein Wahrnehmungsloch.

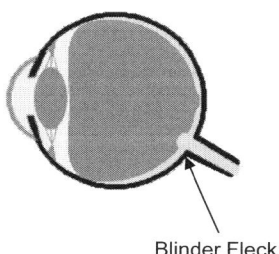

dieser Abschätzung, und sind dann überzeugt, dass die jeweilige Bedeutung richtig ist. Die (vielleicht auch Schein-)Bedeutung entsteht also auf dem Hintergrund der bisherigen Erfahrungen *des Hörers*.

Der Prozess, mit dem unser Gehirn Bedeutungswahrscheinlichkeiten errechnet, lässt sich schon auf einer rein sensorischen Ebene demonstrieren. Dabei tritt folgender Effekt auf: Unsere Netzhaut bündelt alle Nervenzellen auf einem Fleck und leitet die Impulse dann weiter. Für diesen kleinen Fleck auf der Netzhaut, an dem die Nervenleitungen die Netzhaut verlassen, sind keine Zellen auf der Netzhaut vorhanden, um eintreffende visuelle Information aufzunehmen. Wir haben in der visuellen Informationsaufnahme eine Lücken (siehe Abb. 5.4).

Diese Lücke kann man mit folgendem Versuch (siehe dazu Abb. 5.5) erkennen:

Halten Sie das linke Auge zu und fixieren Sie den Kreis mit dem rechten Auge.

Halten Sie das Buch entlang der Sehachse und bewegen es in einem Abstand von ca. 25 cm hin und her. Irgendwann, nämlich dann, wenn die Lichtstrahlen, die vom Kreuz ausgehen, auf den „blinden Fleck" treffen, verschwindet das Kreuz. Dazu müssen Sie aber weiter den Kreis fixieren.

Wie wird nun das Fehlen der Information interpretiert? Dies geschieht nicht in der Weise, dass das Fehlen der Information erkannt wird, sonst hätten wir alle je ein „Loch" in unserem Sichtfeld. Das Gehirn stellt auch hier wiederum eine Wahrscheinlichkeitsberechnung an und füllt dieses real existierende Loch mit Informationen, die am wahrscheinlichsten dort hingehören, indem es einfach das Umfeld extrapoliert. Dass diese Wahrscheinlichkeitsberechnung falsch sein kann, zeigt die nachfolgende Demonstration. Halten Sie wiederum das linke Auge zu und fixieren Sie den Kreis in Abb. 5.6. Bewegen Sie dann wiederum das Buch in der Sehachse so, dass es sich ca. 25 cm vor Ihren Augen

Abb. 5.5 Experiment (1) zum „blinden Fleck"

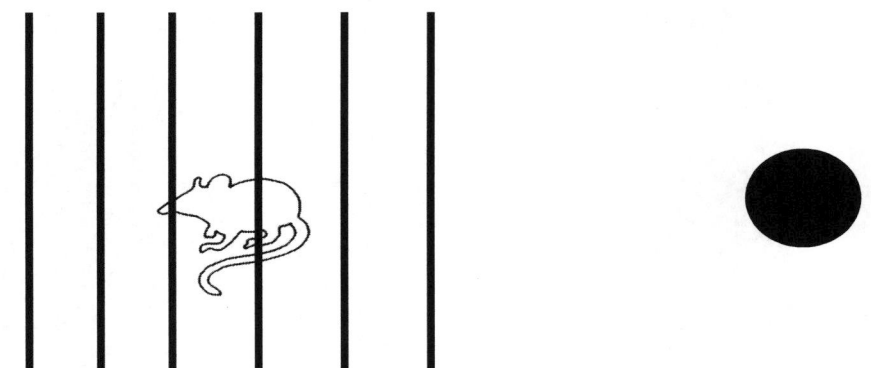

Abb. 5.6 Experiment (2) zum „blinden Fleck"

befindet. Irgendwann (natürlich wieder dann, wenn die Lichtstrahlen, die von der Maus ausgehen, auf den „blinden Fleck" treffen, wird die Maus in dem Gitter verschwinden und Sie werden die Illusion haben, nur ein Gitter zu sehen. Die Wahrnehmung stellt eine – in diesem Falle falsche – Wahrscheinlichkeitsberechnung an und ergänzt das, was sie für das Wahrscheinlichste erachtet.

Was in dieser Demonstration auf einem sehr primitiven sensorischen Niveau passiert, findet in viel größerem Ausmaß in den „höheren" Verarbeitungszentren des Gehirns statt, die bei der Interpretation dessen aktiv sind, was der Bewerber sagt.

Man könnte drastisch formulieren:

„Es gibt keine Gegenstände in der Welt an sich, sondern sie entstehen beziehungsweise erhalten ihre Realität erst über die Bedeutungen, die ihnen von den Teilnehmern einer bestimmten Kultur zugewiesen werden, diese erschaffen sich interpretierend und sinnstiftend ihre eigene und bedeutungsvolle Welt."

Die Suche nach *Nicht*-Information ist aus meiner Sicht das Kernstück des Vorstellungsgespräches. Man findet in einem Vorstellungsgespräch in der Regel die Situation vor, dass auf der Ebene der Schallwellen zwar kommuniziert wird, jedoch nur sehr wenig Bedeutung im Gespräch transportiert wird. Auf eben diese individuelle Bedeutung kommt es jedoch an. Man läuft im Vorstellungsgespräch sehr schnell Gefahr, auf einer abstrakten begrifflichen Ebene das Gefühl (die Illusion) zu haben, dass man schon weiß, was die andere Person meint. Man muss daher im Vorstellungsgespräch weg von der Ebene der Begriffe und hin zu der Ebene der individuellen Bedeutungen (siehe Abb. 5.7).

Dieser Sachverhalt erschwert schon eine „normale" Kommunikation. Im Vorstellungsgespräch ist die Situation noch komplizierter. Der Bewerber nutzt hier das prinzipielle Problem der Sprache (das Stehenbleiben auf der allgemeinen Begriffsebene) für seine Zwecke aus. Der Bewerber weiß ja nicht mit Sicherheit, welche Antwort der Interviewer haben möchte. Daher trifft es sich aus Bewerbersicht ganz gut, dass in der Kommunikation oft mit unpräzisen und daher immer „richtigen" Begriffen gearbeitet und so die Illusion eines Verständnisses erzeugt wird. Diese allgemeinen und wohlfeilen Begriffe sind deshalb

Abb. 5.7 Begriff und individuelle Bedeutung

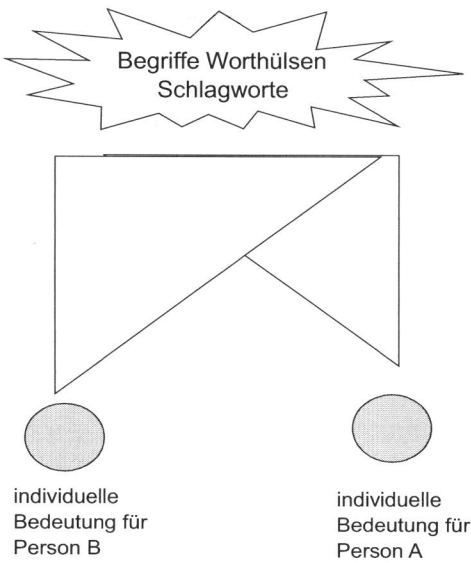

immer „richtig", weil der Kommunikationspartner in die „Leerstelle", die „Sprechblase" dieses Begriffes die Bedeutung einsetzt, die *für ihn* richtig ist und er stillschweigend davon ausgeht, dass dies auch die relevante Bedeutung ist, die dieser Begriff für den Bewerber hat. Der Bewerber appelliert dabei an das Gehirn des Interviewers, Begriffe, die eigentlich in die Kategorie „fraglich" gehören, in die Kategorie „richtig" einzusortieren. Die Hoffnung, dass diese Falschkategorisierung dann auch tatsächlich erfolgt, ist dabei durchaus berechtigt.

Beispiele für solche „hohlen" Begriffe sind

- Kooperativ
- Konstruktiv
- Herausforderung
- Verantwortung
- Zielführend
- Flexibel
- Motivieren
- Umgang mit Menschen
- etc.

Die Schwierigkeit, eine andere Perspektive einzunehmen, lässt sich mit der Abb. 5.8 gut demonstrieren. Was sehen Sie, wenn Sie spontan diese Figur ansehen? Prinzipiell sind drei Perspektiven möglich. Die meisten Menschen haben eine „spontane" Sichtweise, die

Abb. 5.8 Kippfigur

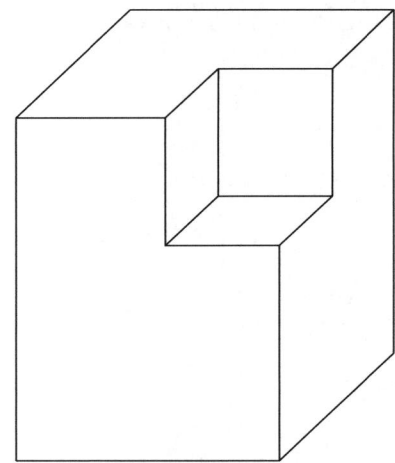

zweite Sichtweise kann noch mit einiger Anstrengung eingenommen werden, die dritte Sichtweise dagegen ist nur mit sehr großer Anstrengung sichtbar.

Eine Sichtweise besteht darin, dass in einen großen Quader ein kleinerer Quader eingefräst ist. Eine andere sieht so aus, dass auf die Spitze eines großen Quaders ein kleiner Quader aufgesetzt ist. Die dritte Sichtweise ist die, dass sich ein kleiner Quader in der Ecke eines Raumes befindet, der durch drei Flächen gebildet wird.

Genauso schwer, wie es uns fällt, die zweite und dritte Sichtweise der Figur einzunehmen, ist es für uns, die Sichtweise des Bewerbers einzunehmen. In der Analogie ist die jeweilige (aber prinzipiell mögliche unterschiedliche) Perspektive die individuelle Bedeutung des Begriffs für den Bewerber. Die Kippfigur stellt in dieser Analogie einen „dehnbaren", unpräzisen Begriff in der Antwort des Bewerbers dar. Der Bewerber liefert dem Interviewer ständig „verbale Kippfiguren". Der Interviewer hält im Zweifelsfalle seine eigene, „spontane" Sichtweise für die einzig richtige, er entnimmt der Bewerberantwort *eine* der möglichen Perspektiven.

Das Sprechen in eher abstrakten, unbestimmten, dehnbaren Begriffen ist eine Tendenz, der wir auch in „normalen" Gesprächen unterliegen. Vielleicht liegt der tiefere Sinn darin, dass in der Kommunikation der (eigentlich unrichtige) Eindruck erzeugt wird, dass man sich versteht, wenn dies auch oft auf der Sachebene eher nicht der Fall ist. Im Bewerbergespräch kann diese „natürliche" Tendenz eine fatale Ausprägung annehmen, indem der Bewerber von sich aus in eher unbestimmten Begriffen spricht. Verstärkt wird dies noch durch Empfehlungen aus Bewerberratgebern zum Antwortverhalten und durch die in den Ratgebern vorgeschlagenen (Standard-)Antworten.

Neben Bewerbern setzen auch Hypnosetherapeuten und Politiker oft die Unbestimmtheit von Begriffen dazu ein, die Illusion von inhaltlicher Übereinstimmung zu erzeugen. Das Bespiel von Rudolf Scharping zum Begriff „Besserverdienende" wurde schon in Kap. 4 erläutert. Einen weiteren Begriff aus dieser Serie stellt der des „Leistungsträgers" dar. Auf einer sehr allgemeinen Ebene sind sich praktisch alle Politiker darüber einig, dass die „Leistungsträger" der Gesellschaft gefördert werden müssen. Darüber, was dies denn nun konkret bedeutet und wer überhaupt diese „Leistungsträger" sind, besteht jedoch großer Dissens. Die SPD versteht eher den Facharbeiter darunter, die FDP eher den Anwalt, Arzt oder Architekt, die CDU dagegen eher den Unternehmer. Auf der Ebene der individuellen Bedeutung ist der Begriff „Leistungsträger" sehr kontrovers. Auf der Ebene des Begriffes ist er so gewählt, dass er allgemeine Zustimmung erzeugt, zumindest solange wir dem Appell nachkommen, die Kategorie „fraglich" nicht weiter zu hinterfragen.

Die Macht der Begriffe wurde mir vor einiger Zeit eindrücklich bewusst. Das Unternehmen, für das ich arbeitete, hatte Anfang der 90er Jahre Projektierungsingenieure für die Elektronik gesucht. Elektroingenieure waren zu dieser Zeit gesucht und die Tätigkeit des Projektierers dabei besonders unattraktiv. Es gelang lange Zeit nicht, die Stellen zu besetzen, bis eines Tages der Sekretärin ein Fehler passierte, der von niemandem bemerkt wurde. Sie hatte eine Stellenanzeige vorbereitet, in der nicht der Begriff „Projektierungsingenieur", sondern der Begriff „Projektingenieur" stand. Daraufhin kamen jede Menge Bewerbungen und dies, obwohl nur der Titel fälschlicherweise geändert wurde, die Tätigkeitsbeschreibung dagegen gleich war wie bei allen vorangegangenen erfolglosen Anzeigen auch. Offenbar machte ausschließlich die Benutzung des Begriffs „Projekt" so viel Eindruck auf die potenziellen Bewerber, dass sie mit diesem Label gerne dazu bereit waren, eine zuvor geschmähte Arbeit zu übernehmen. Fürderhin wurden alle Stellen sehr erfolgreich mit dem Label „Projekt" ausgeschrieben.

Die obigen Beispiele (Besserverdienende, Leistungsträger, Projektingenieur) erscheinen dem Leser vielleicht konstruiert und nicht auf ein Interview übertragbar. Bei genauem Hinsehen (beziehungsweise Hinhören) erkennt man jedoch, dass die meisten Begriffe im realen Interview genau dieser fatalen Natur entsprechen.

5.2 Der Mikro- und der Makroprozess

Der basale Prozess im Interview besteht aus einem Dreischritt. Zuerst versucht man, die Antwort des Bewerbers auf die Einstiegsfrage *sensorisch genau* zu rekapitulieren. Der Schritt des genauen Rekapitulierens ist zentral, da er die Basis für die weiteren Schritte darstellt. Das „sensorisch genaue Zuhören" geht dabei weit über das „aktive Zuhören" hinaus und sollte nicht mit diesem verwechselt werden. Während man beim viel gelehrten „aktiven Zuhören" versucht, den Sinn dessen, was das Gegenüber von sich gegeben hat, zu reformulieren, geht es beim „sensorisch genauen Zuhören" darum, den Satz des Bewerbers möglichst genauso und möglichst präzise zu rekapitulieren, wie der Bewerber ihn gesagt hat. Dabei muss man wiederum aufpassen, da wir sehr schnell geneigt sind zu glauben, man könne die Teile des jeweiligen Satzes exakt wiederholen, obwohl dies oft nur bedingt der Fall ist. Sie können den Prozess des sensorisch genauen Zuhörens üben, indem Sie eine Sequenz eines Films auf eine DVD aufnehmen. Sie hören sich einen Satz an und versuchen, ihn aufzuschreiben. Die Richtigkeit des Ergebnisses kann man dann durch Zurückspulen validieren. Sie sollten jedoch darauf achten, dass man sich nicht mit dem sinngemäß Gesagten zufrieden zu geben, sondern versuchen, exakt, den Satz mit allen Bestandteilen zu wiederholen. Man kann zu dieser Übung auch die CDs verwenden, die es mittlerweile von vielen Bewerberratgebern gibt und auf denen die üblichen Arbeitgeberfragen und die angeblich besten Bewerberantworten zu hören sind.

> **Beispiel**
> Interviewer: „Warum haben Sie Ihre Arbeitgeber so oft gewechselt?"
> Bewerber: „Ich habe mich stets bemüht, die Ziele der Firma mit meinen Interessen in Einklang zu bringen. Dabei war es mir stets wichtig, die mir zugeteilten Aufgaben immer einwandfrei zu erledigen. Bei mir hat sich die Situation ergeben, dass weitere Entwicklungsmöglichkeiten für mich innerhalb dieser Firma nicht in Sicht waren."

Diese Bewerberantwort enthält zwar viele Worte, aber wenig Information. Um in diese Antwort einen für den Bewerber individuellen Sinn zu bringen, muss man dringend einige Punkte nachfragen. Die Frage dazu lautet: „Was müsste ich wissen, um in die Bewerberantwort wirklich einen Sinn hineinzubringen?"

Man müsste zumindest die nachfolgend kursiv geschriebenen Worte nachfragen, um aus *Un*-Sinn einen Sinn zu machen.

„Ich habe mich stets bemüht, *die Ziele der Firma* mit *meinen Interessen* in Einklang zu bringen. Dabei war es mir stets wichtig, die mir *zugeteilten Aufgaben* immer einwandfrei zu erledigen. Bei mir hat sich die Situation ergeben, dass *weitere Entwicklungsmöglichkeiten für mich* innerhalb dieser Firma nicht in Sicht waren."

Die Nachfragen könnten dabei lauten:

- „Was waren die Ziele Ihrer Firma?"
- „Worin liegen Ihre eigenen Interessen?"
- „Welche Aufgaben wurden Ihnen zugeteilt?"
- „Wie war der Prozess der Zuteilung?"
- „Wie haben Sie sich bisher entwickelt?"
- „Welche Entwicklungsmöglichkeiten streben Sie bei uns an?"
- „Warum waren gerade *für Sie* keine Entwicklungsmöglichkeiten in Sicht?"

Im Interview geht es daher vorwiegend darum, diese (sehr oft fälschliche) stillschweigende Übereinstimmung der allgemeinen Begriffe zu hinterfragen und im Zweifelsfalle einen Großteil der allgemeinen und wohlfeilen Begriffe der Kategorie „fraglich" zuzuordnen.

In dieser Fähigkeit zum Interpretationsverzicht besteht aus meiner Sicht die Hauptfähigkeit, die man bei einem guten Interview braucht, aber natürlich auch die Hauptproblematik des Interviews.

Achten Sie beim Versuch des sensorisch genauen Zuhörens besonders auf folgenden Effekt: In der Regel kann man einen Teil des Satzes beziehungsweise der Sätze, die man

Abb. 5.9 Durchzug mit Abzweig

rekapituliert, genau wiederholen, von den anderen Teilen oder Sätzen bleiben jedoch nur ein paar Schlagwörter. Dieses Erinnern von Schlagworten ist schlimmer als das Nichterinnern eines Satzes oder Satzteiles, da dann wieder die oben beschriebenen Effekte auftauchen. Es ist also schlimmer, nur Teile der Information in Form von Schlagworten zu erinnern, als gar nichts zu erinnern. Die Situation lässt sich als „Durchzug mit Abzweig" beschreiben (siehe Abb. 5.9). Gefährlich dabei ist weniger der Durchzug als der unkontrollierte Abzweig.

In vielen Situationen, in denen das Verstehen besonders wichtig ist, da ein Nichtverstehen schwer wiegende Konsequenzen haben kann, ist das Reformulieren des Gehörten ein fester Bestandteil der Kommunikation. Im militärischen Bereich gibt es das formalisierte Prinzip der Auftragswiederholung. Bevor ein komplexer Auftrag ausgeführt wird, wird dabei noch einmal abgeglichen, ob tatsächlich auch das verstanden wurde, was gesagt wurde, indem der Befehlsempfänger den jeweiligen Auftrag noch einmal wiederholt. Dies ist im militärischen Bereich besonders notwendig, da solche Aufträge im Ernstfall unter Zeitdruck und unter physischer Bedrohung gegeben werden. Das gleiche Prinzip wird in U-Booten angewandt. Die wichtigen Befehle werden von der Mannschaft kollektiv wiederholt, dies hört sich an wie ein merkwürdiger Singsang, stellt aber letztendlich sicher, dass alle den Befehl richtig verstanden haben. Bei einem Störfall im Kernkraftwerk Krümmel lag ein Kommunikationsfehler vor. Der Reaktorfahrer hatte eine Anweisung seines Schichtleiters falsch verstanden und leitete die falschen Aktionen ein. Seither haben die Personen, die in der Warte eines Kernkraftwerkes anwesend sind, die Auflage, bei Störfällen die Anweisungen des Schichtleiters laut zu wiederholen, um Missverständnisse zu vermeiden. Ein solches Verfahren ist immer dann sinnvoll, wenn Zeitdruck oder sonstiger Stress vorherrscht und wenn die Konsequenzen von Fehlentscheidungen gravierend sind. Diese vorgenannten Bedingungen treffen auch auf das Vorstellungsgespräch zu.

Wenn man es geschafft hat, die Bewerberantwort möglichst vollständig zu wiederholen, dann muss man sich in einem zweiten Schritt fragen: „Worin liegt die *Nicht-Information* in der Bewerberantwort?" Man geht in diesem Schritt auf die Suche nach dem, was in

Abb. 5.10 Mikroprozess

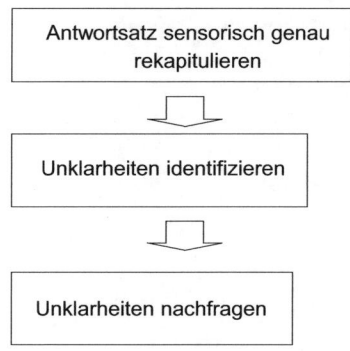

der Bewerberantwort unklar ist (siehe Abb. 5.10). Diese Suche steht jedoch dem Reflex entgegen, das genaue Gegenteil davon zu tun, nämlich sich zu fragen: „Was heißt das?" In dieser Veränderung der Fragestellung liegt der Schlüssel zum Verständnis. Sobald man sich die Frage stellt: „Was heißt das?", entsteht oft eher Unverständnis beziehungsweise ein Pseudoverständnis. Im dritten Schritt braucht man dann nur noch (möglichst offene) Fragen zu den unklaren Punkten zu formulieren. Man kann getrost davon ausgehen, dass die Bewerberantworten auf der ersten Ebene wenig bis gar keine relevante Information über individuelle Bedeutungen enthalten. Diese tauchen in der Regel erst auf der zweiten und dritten Ebene des Nachfragens auf.

Wenn man diese Technik anwendet, ergibt sich natürlich ein Problem: Im ersten Antwortsatz finden sich mehrere Begriffe, die keine für den Bewerber individuelle Bedeutung transportieren. Auf die Nachfrage eines einzelnen Elements dieses Satzes wird der Bewerber sehr wahrscheinlich wieder mit inhaltsleeren Begriffen antworten, die ihrerseits wieder hinterfragt werden müssen. Man kommt dadurch vom Hundertstel in das Tausendstel. Daher hat der eigentliche Mikroprozess noch eine vierte Komponente, nämlich den Überblick zu behalten, auf welcher Ebene man gerade im Frageprozess steht (siehe Abb. 5.11). Selbst wenn Sie diesen Überblick zu 100 Prozent haben sollten, löst sich durch ein solchermaßen konsequentes Nachfragen fast jede sprachliche Aussage in Luft beziehungsweise Bedeutungslosigkeit auf. Daher wird man in der Praxis nicht alles Unverständliche in der Bewerberantwort nachfragen können (und auch nicht müssen). Man kann sich folgender Strategien bedienen, um aus der Bewerberantwort das Relevante auszuwählen, das sich zum Nachfragen am meisten lohnt. Der Bewerber sagt zwar in der Regel nichts, aber er sagt uns freundlicherweise, *wo* er uns nicht sagt, sofern wir genau zuhören.

Sie können sich den „schwammigsten" Begriff in der Bewerberantwort heraussuchen.

1. Sie bekommen mit der Zeit ein Gefühl für die üblichen inhaltsleeren Schlagworte, die man immer nachfragen sollte. Man kann dazu anfangs auch eine Liste führen.
2. Wenn Sie das Meta-Modell (vgl. Kap. 8) anwenden, so erhalten Sie „automatisch" die Stellen in der Bewerberantwort, an denen Sie in die Tiefe gehen sollten.

5.2 Der Mikro- und der Makroprozess

Abb. 5.11 Erweiterter Mikroprozess

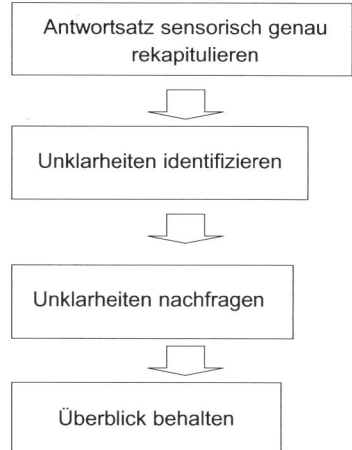

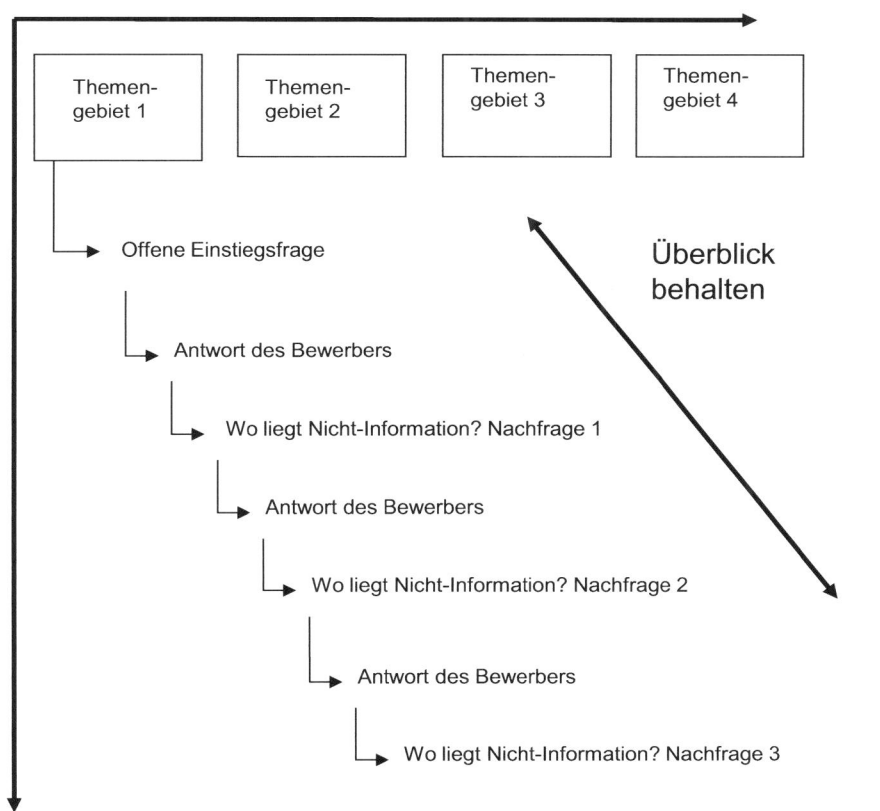

Abb. 5.12 Der Makroprozess

3. Wenn Sie zusätzlich zu den verbalen Äußerungen des Bewerbers auch noch auf die nonverbalen Reaktionen des Bewerbers achten, so zeigt Ihnen der Bewerber ziemlich genau, wo die relevanten *Nicht*-Informationen im Antwortsatz stehen.

Als generelle Strategie bleibt jedoch:

> „Fragen Sie im Zweifelsfalle eher mehr als weniger nach. Ihre Wahrnehmung gaukelt Ihnen eher ungerechtfertigtes Verständnis als zu tiefes Verständnis vor."

Das Vorstellungsgespräch hat eine horizontale und eine vertikale Dimension. Während in diesem Kapitel die vertikale Dimension thematisiert wurde, geht es im Kap. 9 um die horizontale Dimension (siehe Abb. 5.12).

5.3 Einwände

Ein nach den beschriebenen Prinzipien geführtes Gespräch ist sicherlich kein „normales" Gespräch. Aus vielen Seminaren wissen wir, dass es gegen diese Art des Gespräches anfangs Vorbehalte geben kann, welche an dieser Stelle diskutiert werden sollen.

1. Einwand: „Das kostet ja unendlich viel Zeit."
Es bedarf einer gewissen Investition an Zeit, um ein möglichst präzises Bild über die Vorstellungen des Bewerbers zu gewinnen. Wenn man sich jedoch vergegenwärtigt, was eine Fehlbesetzung einer Stelle kostet (Kündigung während der Probezeit, erneute Ausschreibung, erneute Auswahl, Stimmung in der Abteilung, Zeit bis zum erneuten Besetzen der Stelle etc.), oder was ein Kündigungsprozess an Zeit, Geld, Aufwand und Unruhe kostet, relativiert sich der Aufwand schnell. Das (zeit-)ökonomische Argument gilt nur für die Kurzfristbetrachtung. Die Strategie, „schnell Löcher zu stopfen", macht nur dann Sinn, wenn man sicher weiß, dass man selbst die Organisation in absehbarer Zeit verlässt und sich der Nachfolger dann mit den Konsequenzen der ad hoc getroffenen Personalentscheidungen herumschlagen muss. Möchte man dagegen in der Organisation verbleiben, so ist es weitaus ökonomischer, darauf zu achten, heute nicht die Problem- und Disziplinarfälle von morgen einzustellen.

2. Einwand: „Das wird ja ein sehr mühsames und zähes Gespräch."
Dieser Einwand ist prinzipiell berechtigt. In der Praxis wird die Situation jedoch dadurch vereinfacht, dass sich der Bewerber besonders in der ersten Gesprächsphase ein Bild davon macht, wie hier miteinander geredet wird. Er gewinnt einen Eindruck davon, welcher Gesprächsstil offenbar angemessen ist und erwartet wird. Diesem legitimen Informationsbedürfnis des Bewerbers kommt man nach, indem man ihm in der ersten Gesprächsphase

5.3 Einwände

zeigt, dass man als Interviewer gerne konkrete und differenzierte Informationen hätte. Der Gesprächsstil des Bewerbers passt sich in der Regel schnell dem Abstraktheits- beziehungsweise Konkretheitsgrad an, den der Interviewer vorgibt. Der Bewerber lernt schnell, wie beabsichtigt ist, mit ihm zu reden. Oftmals verbalisieren die Bewerber dies auch, indem sie nach ein paar Fragen sagen: „Sie fragen jetzt sicher, was das konkret bedeutet", oder verbalisieren den Lernprozess in ähnlicher Weise. In der Praxis reduziert sich also der Aufwand des Nachfragens und konzentriert sich auf den ersten Teil des Gesprächs, in dem der Gesprächsstil explizit oder implizit durch den Interviewer definiert wird. Manche Bewerber lernen in dieser Phase jedoch auch etwas Falsches. Sie scheinen zu lernen „Der Interviewer hört gerne das Wort konkret" und verwenden dann das Wort „konkret" in sehr vagen Zusammenhängen. Beispielsweise in Sätzen wie: „Man muss die Zusammenarbeit fördern, das heißt konkret, man muss die notwendigen Schritte dazu unternehmen." Man darf sich als Interviewer nicht von Floskeln blenden lassen, sondern muss auf die Sinnhaftigkeit der Aussagen achten.

Es ist wichtig, auf die (meist implizite, aber berechtigte) Frage des Bewerbers danach, wie man hier wohl miteinander zu sprechen gedenkt, frühzeitig (vielleicht ebenso implizit, aber sehr gut wahrnehmbar) passende Antworten geben. Dies kann durch folgendes Gesprächsverhalten erreicht werden, das in einer frühen Gesprächsphase den Gesprächsstil definiert:

- Wird eine Frage vom Bewerber nicht beantwortet, so dürfen Sie auf jeden Fall die Beantwortung der Frage einfordern. Das setzt natürlich voraus, dass der Interviewer den Gesprächsüberblick hat. Sie zeigen dem Bewerber dadurch, dass Sie sich nicht durch die Antworten des Bewerbers verwirren lassen, den Gesprächsüberblick haben, und sich nicht von seiner Ursprungsfrage abbringen lassen.
- Kommentiert ein Bewerber die Frage etwa in dem Stil: „Das ist eine gute Frage" oder „Wie meinen Sie das genau?", können Sie diesen Kommentar ignorieren und eventuell die Frage einfach in *unveränderter* Form wiederholen. Sie zeigen dem Bewerber damit, dass auch durch Gegenfragen und Kommentare die Fragestellung nicht geändert wird.
- Gelegentlich wird auch ein Kommentar in einem Nebensatz abgegeben wie: „Wie ich vorher schon gesagt habe, ..." Dieser Satz wirkt auf der Beziehungsebene und bedeutet eigentlich: „Sie haben mir wohl nicht zugehört." Gute Interviewer nehmen diese Kommentare sehr bewusst wahr und reagieren auf einen solchen Kommentar natürlich in keiner sichtbaren Art und Weise.
- Es kann auch die Situation auftreten, dass der Bewerber auf eine Frage erst einmal nichts sagt. Nach ca. ein bis zwei Sekunden entsteht dadurch ein Druck, der viele Interviewer geradezu dazu zwingt, diese Ruhe zu unterbrechen, indem sie die Frage erklären, verändern, relativieren etc. Wenn der Interviewer auf diese Weise reagiert, so gibt er dem Bewerber ein effizientes Gesprächssteuerungsinstrument in die Hand. Der Bewerber weiß dann, dass er auf unangenehme Fragen einfach eine gewisse Zeit lang schweigen muss und dass sich dadurch die Fragestellung verändert. Hier ist es hilfreich, die Pause bewusst aushalten, auch wenn es einem am Anfang vielleicht selbst unangenehm erscheint.

- Wenn ein Bewerber auf die Frage: „Was missfällt Ihnen am meisten bei der Projektarbeit?" sehr zäh antwortet und nach langem Nachdenken einen Aspekt nennt, ist der Interviewer oft geneigt, sich mit dieser mühsamen Antwort des Bewerbers zufriedenzugeben, da es diesem offensichtlich schwerfällt, viel zu erzählen. Es ist auch an dieser Stelle besser, sich nicht mit wenig Information zufriedenzugeben, auch wenn der Bewerber signalisiert: „Das ist mir unangenehm." Sie können sich in diesem Fall vor einem zu schnellen Einlenken schützen, indem Sie bereits in der Fragestellung eine bestimmt Anzahl an Aspekten fordern, zum Beispiel: „Worin sehen Sie die fünf Hauptschwierigkeiten bei der Projektarbeit?" Es ist natürlich wichtig, dann auch alle fünf Aspekte einzufordern. Sie zeigen dem Bewerber dadurch, dass Sie eine gewisse Quantität bei den Antworten erwarten und sich nicht schnell mit demonstrativ mühsamen Antworten zufriedengeben.

Auf die genannten Techniken ist insbesondere in der ersten Phase des Gespräches sehr genau zu achten, da in dieser Phase der Gesprächsstil (implizit) definiert wird (siehe Abb. 5.13). Der Bewerber „testet" die Situation, das muss nicht bewusst oder manipulativ sein, er hat einfach das legitime Bedürfnis, sich zu orientieren, wie er sich in der Interviewsituation verhalten soll. Der Gesprächs- und Reaktionsstil des Interviewers determiniert dabei die jeweiligen Antworten. Dieser ganze Prozess findet in der Regel eher implizit statt. Der Interviewer sollte den Beziehungsdefinitionsprozess jedoch explizit und gezielt handhaben.

3. Einwand: „So kann man doch nicht mit dem Bewerber reden."
Diese Art des Gespräches ist in der Tat für den Bewerber vielleicht unerwartet und überraschend. Letztendlich kommt es auf die Zielsetzung an, die die Mittel legitimiert. Die Zielsetzung eines solcherart geführten Gesprächs ist lediglich, möglichst differenziert die Vorstellungen des Bewerbers zu erfassen und daraus Rückschlüsse auf seine Passung in

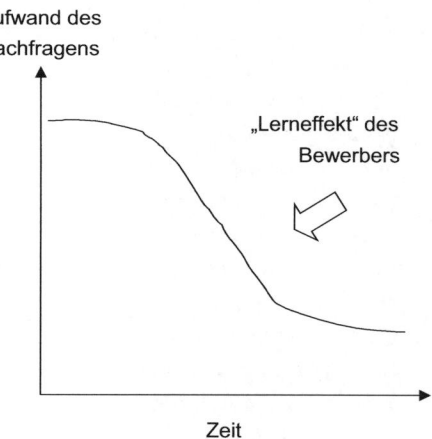

Abb. 5.13 Zeitliche Dimension des Nachfrageaufwandes

die Organisation ziehen zu können. Eine Gesprächsführung, die auf der Ebene der Schlagworte und der wohlfeilen Begriffe stehenbleibt, ist dagegen unethisch und nicht vertretbar ist, weil sie keine vernünftige Entscheidungsgrundlage liefert. Man kann dem Bewerber auch vorab in einer Art Prolog etwa Folgendes erklären:

> „Wir beginnen nun mit einem für Sie vielleicht ungewohnten Gespräch. Dabei geht es darum, möglichst genau Ihre Vorstellungen zur Tätigkeit zu erfassen. Dazu werde ich sehr wahrscheinlich viele Begriffe etwas näher beleuchten, indem ich Nachfragen dazu stelle. Wundern Sie sich also bitte nicht über diese vielleicht etwas ungewohnte Art des Gespräches. Im zweiten Teil des Gespräches können Sie uns dann zu unserem Unternehmen und der zu besetzenden Stelle befragen. Es wäre schön, wenn Sie dabei Ihrerseits auch sehr intensiv nachfragen, um ein möglichst differenziertes Bild von der Stelle zu erhalten."

4. Einwand: „Es muss doch auch anders gehen."
Zu der beschriebenen Art des Gespräches gibt es aus meiner Sicht keine Alternative. Eine (Schein-)Verständigung auf der Ebene der Schlagworte, Floskeln, vagen Begriffe liefert leider keinerlei verwertbare Information über den Bewerber, und „Zauberfragen", die man stellen sollte, um an die „relevante" Information zu kommen, gibt es leider auch keine. Sollte es sie geben, wären sie mitsamt den passenden „richtigen" Antworten auch sehr schnell veröffentlicht.

5.4 Nonverbale Beobachtung

Wenn man den Bewerber im nonverbalen Bereich beobachtet, so zeigt der Bewerber dem Interviewer sehr genau, wo es sich lohnt nachzufragen. Es gibt zwei unterschiedliche Antwortstile. Der eine Stil ist gekennzeichnet durch eine sehr kurze Antwortlatenz (die Antwort kommt wie aus der Pistole geschossen) und relativ geringe Motorik des Bewerbers. Der andere zeichnet sich durch eine hohe Antwortlatenz, mehr Motorik, verbale Kommentare zur Frage und charakteristische Augenbewegungen aus. Der erste Antwortstil tritt bei eher trivialen Fragen auf, bei eher vorbereiteten Antworten. Der zweite bei „schwierigen" Fragen. Warum diese Fragen für den Bewerber „schwierig" und nicht trivial sind, kann man auf dieser Stufe noch nicht sagen. Man weiß, wenn der Bewerber eher mit dem zweiten Antwortstil reagiert, nur, dass diese Frage in irgendeiner Weise eine besondere Frage ist. Gründe dafür können sein, dass sich der Bewerber mit dieser Frage noch nicht auseinandergesetzt hat, dass er sich eine Antwort erst ausdenkt, dass er sich überlegt, was denn der Bewerberratgeber als Antwort empfehlen würde, dass man an einen „wunden Punkt" rührt, dass er unsicher ist etc. Man weiß als Interviewer jedoch sicher, dass es sinnvoll ist, bei dem entsprechenden Thema zu bleiben und wird mit relativ großer Sicherheit relevante Informationen erhalten, wenn dieses Thema weiter exploriert wird.

> **Nonverbale Indikatoren für nicht-triviale Antworten**
>
> - erhöhte Antwortlatenz
> - Augenbewegungen
> - gesteigerte Motorik
> - verbale Kommentare zur Frage

Nehmen Sie den veränderten Antwortstil des Bewerbers also als eine Einladung, in die entsprechende Richtung weiterzufragen. Oft bewirkt dieser veränderte Reaktionsstil des Bewerbers beim Interviewer jedoch genau das Gegenteil, der Interviewer stellt schnell eine andere Frage, um die etwas unangenehme Situation zu beenden. Es ist ja nicht ganz einfach auszuhalten, wenn man eine Frage stellt und der Bewerber erst einmal gar nichts sagt. Wenn er dann noch motorische Unruhe zeigt und etwas auf dem Stuhl hin und her rutscht, die Augen verdreht und vielleicht noch Kommentare wie: „Schwierige Frage" abgibt, dann fühlen die meisten Interviewer den massiven Impuls, diese Situation zu beenden. Vielleicht fragt man sich dann innerlich: „Habe ich die richtige Frage gestellt?", „War die Frage so unverständlich?", „War die Frage zu schwer?" etc. Ich möchte Sie dazu ermutigen, diese Gesprächssituation möglichst oft zu erzeugen und sich dabei innerlich zu sagen: „Das war ein Volltreffer, ich weiß noch nicht, was dieses Thema für den Bewerber so nicht-trivial macht, aber ich werde es erfragen." Nutzen Sie also diese Bewerberreakti-

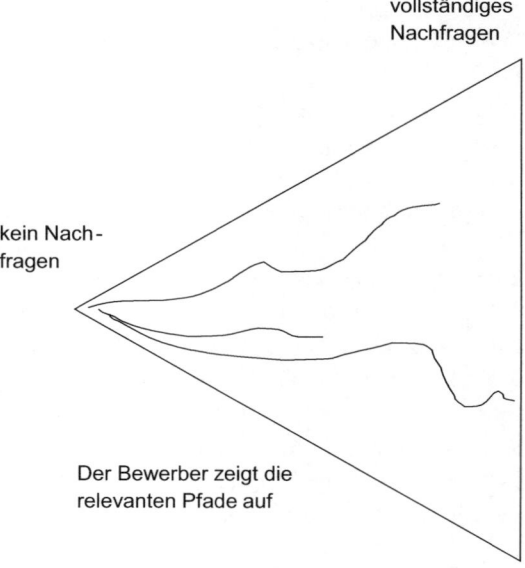

Abb. 5.14 Der Bewerber weist den Weg „in die Tiefe"

on als eindeutigen Hinweis darauf, dass Sie an einem interessanten Punkt des Gespräches angelangt sind, und verweilen Sie dort (siehe Abb. 5.14).

Die Frage, wie lange nun eine Antwortlatenz sein muss, um auf ein nicht-triviales Antwortmuster hinzuweisen, ist nicht objektiv zu beantworten. Man muss in der ersten Gesprächsphase ein Gefühl dafür entwickeln, wie der Bewerber „normal" antwortet. Die Frage, wann eine relevante Antwortlatenz vorliegt, ist dann zu beantworten, wenn die Latenzzeit von dieser „normalen" Latenz abweicht. Für einen Bewerber, der generell sehr schnell antwortet, kann eine erhöhte Antwortlatenz auch schon bei zwei Sekunden liegen. Um einem Missverständnis vorzubeugen: Aus den Augenbewegungen, die charakteristisch für „schwierige" Fragen sind, kann man nichts Weiteres ablesen als die Tatsache, dass der Bewerber sein Gehirn benutzt. Der Versuch, aus der Richtung der Augenbewegungen weitere Rückschlüsse zu ziehen, ist zum Scheitern verurteilt, auch wenn dies in manchen Trainings fälschlicherweise immer wieder gelehrt wird. Die entsprechenden Annahmen aus dem „Neurolinguistischen Programmieren" stammen aus den 1970er-Jahren und wurden schon vor Jahrzehnten experimentell widerlegt.

5.5 Das Doppelproblem

Bitte prüfen Sie, ob die nachfolgenden Beschreibungen überwiegend auf Sie zutreffen. Wenn eine Beschreibung zutrifft, so kreuzen Sie bitte an.

Checkliste

- ❏ Sie haben Begeisterungsfähigkeit.
- ❏ Sie verfügen über Organisationsgeschick und analytische Fähigkeiten.
- ❏ Sie bevorzugen eine ergebnisorientierte Arbeitsweise.
- ❏ Sie sind offen für neue Ideen.
- ❏ Sie sind überzeugend im persönlichen Gespräch.
- ❏ Sie verfügen über Sicherheit im Umgang mit komplexen Situationen.
- ❏ Sie haben ein ausgeprägtes Koordinationsvermögen.
- ❏ Zielorientierte und strukturierte Arbeitsweisen sind für Sie wichtig.
- ❏ Sie arbeiten gerne in einem motivierten Team.
- ❏ Sie denken und handeln kundenorientiert.
- ❏ Sie verfügen über Verhandlungsgeschick.
- ❏ Sie zeichnen sich durch eine positive Grundhaltung aus.
- ❏ Sie positionieren sich als kompetente Persönlichkeit, die analytisch denkt und handelt.
- ❏ Sie verfügen über strategische Kompetenz und die notwendige Detailkenntnis.
- ❏ Sie treten sicher und gewandt auf.
- ❏ Sie überzeugen durch eine gereifte, gestandene Persönlichkeit.
- ❏ Sie haben eine Teamplayer-Mentalität.
- ❏ Sie haben auch Spaß im Umgang mit anderen Menschen.

- Sie gehen Aufgaben lösungsorientiert an.
- Sie verfügen über eine kreative, zielorientierte und gleichzeitig termingebundene Arbeitsweise.
- Sie bevorzugen eine teamorientierte Führung.
- Sie praktizieren eine innovative und kollegiale Führung.
- Sie können komplexe Sachverhalte kreativ darstellen.
- Sie denken und handeln in ökonomischen Zusammenhängen.
- Sie verfügen über pädagogische Eignung.
- Sie haben Kreativität für zukunftsweisende Lösungsansätze.
- Sie gehen sicher mit modernen Führungsinstrumenten um.

Bilden Sie dann bitte die Summe der Zustimmungen und errechnen die Prozentzahl der Zustimmungen. Es sind insgesamt 27 Beschreibungen.

Wenn man diese Übung mit sehr vielen Teilnehmern in Seminaren durchführt, so liegt die Zustimmung bei ca. 70 Prozent. Das ist auch nicht verwunderlich, denn nach den Ausführungen zum Thema „Ich und der Durchschnitt" wäre auch gar nichts anderes zu erwarten gewesen.

Woher stammen nun die obigen Aussagen? Sie stammen aus unterschiedlichen Stellenausschreibungen in der Wochenendausgabe der „FAZ". Üblicherweise wird darin der Titel der Arbeitsstelle genannt, die Firma kurz vorgestellt, das Tätigkeitsfeld beschrieben und dann wird der ideale Bewerber beschrieben. Dies erfolgt in der Regel in zwei Teilen. Im ersten Teil wird die formale Qualifikation beschrieben, im zweiten Teil die „Persönlichkeit" des idealen Bewerbers. Die obigen Aussagen sind solche Beschreibungen der Persönlichkeit des idealen Bewerbers. Interessant dabei ist die Tatsache, dass es sich bei den ausgeschriebenen Arbeitsstellen um sehr heterogene Positionen handelte, wie zum Beispiel:

- Consultant mit Erfahrung in der Top-Management-Beratung,
- Betreuer Workflow-Systeme,
- Produktmanager,
- IT-Projektmanager,
- Teamleiter Personalmanagement,
- Vertriebsingenieur für Automatisierungssysteme,
- Diplom-Chemiker für Kristallsynthese,
- Abteilungsleiter Finanzen und Administration,
- Berater Software Engineering.

Ich bin fest davon überzeugt, dass sich die Persönlichkeiten, die für all diese Stellen geeignet sind, nicht zu 70 Prozent durch die obigen Aussagen beschreiben lassen. Wenn dies so wäre, gebe es ja einen „guten Bewerber", der auf nahezu alle Arbeitsstellen passt.

Solche Persönlichkeitsbeschreibungen sind ziemlich unsinnig, da sie lediglich allgemein akzeptierte Eigenschaften beschwören, aber keine relevante Information über die

5.5 Das Doppelproblem

Anforderungen der Arbeitsstelle liefern. Probieren Sie es einmal aus, kaufen Sie sich die Samstagsausgabe der „FAZ" oder einer sonstigen Zeitung, die einen großen Stellenmarkt hat, und streichen Sie die Persönlichkeitsbeschreibungen in den Anzeigen an. Sie werden schnell feststellen, dass es nur geringfügig abweichende Beschreibungen von den obigen gibt.

Man hat es also mit einem doppelten Problem zu tun: Nicht nur der Bewerber spricht in Schlagworten, Sprechblasen und wolkigen, wohlfeilen Begriffen, die Unternehmen tun genau dies auch. Das führt natürlich dazu, dass man sich schnell auf dieser abstrakten Begriffsebene einig zu sein scheint, und es kann dabei schnell passieren, dass diese Passung nur eine Illusion darstellt.

Warum wird dennoch in Stellenbeschreibungen geradezu zwanghaft an diesen (Schein-)Beschreibungen festgehalten? Eine Anzeige möchte im ersten Schritt möglichst viele potenzielle Bewerber ansprechen, daher ist es aus Marketinggesichtspunkten sicherlich sinnvoll, wohlfeile Begriffe zu verwenden, da sich praktisch alle Menschen angesprochen fühlen. Oftmals sind die Beschreibungen jedoch nur Floskeln, die der Anrufung eines „guten" Menschenbildes dienen und keine differenzierte Information beinhalten. Fatal ist es, wenn der Personalverantwortliche tatsächlich an die Aussagekraft solcher Beschreibungen glaubt, was nach meiner Erfahrung leider allzu oft der Fall ist.

Wenn sich der Personaler im Vorfeld einer Stellenbesetzung mit der Fachabteilung über die passende Person unterhält, so kann es sehr leicht passieren, dass man zunächst auch in der Fachabteilung mit den üblichen Schlagworten konfrontiert wird. Hier passiert dann im Prinzip das Gleiche, das mit der Antwort eines Bewerbers passiert, man muss auch hier durch entsprechendes Konkretisieren von der Ebene der Schlagworte auf die Ebene der Bedeutungen kommen, um vernünftig argumentieren zu können. Es ist also notwendig, praktisch spiegelbildlich eine Art Vorstellungsgespräch mit dem jeweiligen Auftraggeber zu führen und auch hier darauf bedacht zu sein, sich nicht zu früh mit (Schein-)Bedeutungen zufriedenzugeben. Oftmals empfinden die Fachabteilungen diesen Prozess eher als zäh und überflüssig und versuchen, ihn mit etwa folgender Floskel abzuwürgen:

„Sie als Personaler sind doch Fachmann für Soft Skills, Sie wissen doch sicher, was damit gemeint ist." Gehen Sie in einem solchen Fall zu Ihren Ungunsten am besten davon aus, dass Sie natürlich *nicht* wissen, was der Auftraggeber gemeint hat. Vielleicht können Sie auch davon ausgehen, dass Sie nicht einmal wissen, welche Bedeutung der Begriff „Soft Skills" für den Auftraggeber hat.

Das Meta-Modell als formale Hilfe zum Nachfragen 6

6.1 Veranschaulichung des Modells

Eine gute Analogie für den Prozess, der beim Bewerbergespräch abläuft, ist folgende Übung. Sie brauchen dazu einen Übungspartner, mit dem Sie Rücken an Rücken sitzen. Der Übungspartner benötigt zusätzlich irgendein Bild, das Ihnen nicht bekannt ist und das er Ihnen natürlich vorher auch nicht gezeigt hat (Zeitungsausschnitt, Motivpostkarte, Foto etc.). Der Partner hat nun die Aufgabe, Ihnen das Bild, das er in seinen Händen hält, nur mit Worten zu beschreiben. Da sie Rücken an Rücken sitzen, haben Sie nur die Worte des Partners, um sich ein „geistiges Abbild" von dem Bild zu machen, das Ihr Partner physisch in den Händen hält. Führen Sie diese Übung unter zwei verschiedenen Bedingungen durch. Zuerst darf nur der Partner reden, Sie nehmen nur die Information auf, die Ihnen der Partner gibt, und versuchen, innerlich daraus ein Abbild des Bildes zu konstruieren. Danach haben Sie die Möglichkeit, zusätzlich Fragen an den Partner zu stellen, der Ihnen das Bild beschreibt.

Geben Sie dem Partner ca. fünf Minuten Zeit, Ihnen das Bild zu beschreiben. Vergleichen Sie danach Ihr „inneres Abbild", das Sie sich aus den verbalen Informationen Ihres Partners gemacht haben, mit dem physisch realen Bild, das der Partner in den Händen hält. Sie werden sehen, dass sich Ihr „inneres Abbild" lediglich unvollständig mit dem physisch realen Bild deckt (der Deckungsgrad hängt natürlich auch von den Beschreibungsfertigkeiten Ihres Partners ab, dieser Faktor wird hier jedoch vernachlässigt). Sehr wahrscheinlich wird sich das „innere" Bild unter derjenigen Bedingung besser mit dem physisch realen Bild decken, bei der Sie zusätzlich Fragen an den Partner stellen konnten.

Diese Übung kann als eine Analogie für jede Art von Kommunikation und für die Bewerbergespräche im Besonderen aufgefasst werden. Der Sender hat eine „innere" Vorstellung von dem, was er ausdrücken will (Gedankenwelt des Senders). Seine Worte können diese „innere" Vorstellung nur unvollständig wiedergeben (Verbalisierung des Senders). Der Empfänger hat seinerseits nur die Worte des Senders zur Verfügung und muss aus seinem Verständnis heraus aus der Verbalisierung des Senders eine „innere" Vorstellung

Abb. 6.1 Kommunikative Schnittmenge

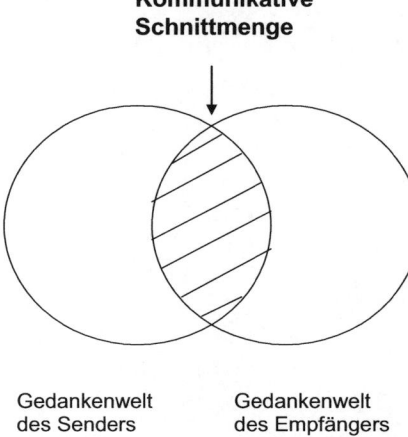

von der „inneren" Vorstellung des Partners konstruieren. Die Schnittmenge zwischen beiden inneren Vorstellungen (siehe Abb. 6.1) wird daher nicht besonders groß sein können. In jedem Gespräch und besonders im Bewerberinterview geht es darum, die „innere" Vorstellung des Bewerbers möglichst präzise zu erfassen, da diese unmittelbar bedeutsam für dessen Handeln sein wird. Erschwert wird diese Situation noch dadurch, dass der Bewerber nicht unbedingt seine „inneren" Vorstellungen preisgeben will. Die Verbalisierung des Senders wird noch zusätzlich durch den Filter der Erwünschtheit verzerrt.

Der Empfänger hat nun aufgrund der begrenzten Deckungsgleichheit der inneren Vorstellungen prinzipiell drei Möglichkeiten:

Er akzeptiert die begrenzte Deckungsgleichheit als naturgegebene Hürde in der zwischenmenschlichen Kommunikation.

1. Er versucht, die Elemente, die über die Schnittmenge hinausgehen, zu erraten, selber zu konstruieren. Er läuft dabei natürlich Gefahr, dass er die fehlenden Elemente falsch errät und dass er einen relativ großen Teil seiner eigenen Wahrnehmung in den Gesprächspartner „hineinprojiziert".
2. Er kann versuchen, durch gezieltes Nachfragen die Schnittmenge zu vergrößern.

Dieses Nachfragen kann sich einerseits auf bestimmte Inhalte beziehen, die dem Interviewer relativ „zufällig" auffallen und nachfragenswert erscheinen, es kann aber auch nach einem formalen Schema erfolgen. Es gibt nun einige formale Elemente in den Antworten des Bewerbers, anhand derer erkennbar wird, wo man nachfragen muss, um die Schnittmenge der inneren Vorstellungen des Bewerbers und des Interviewers zu vergrößern. Diese lehnen sich an das erwähnte Meta-Modell der Kommunikation an (Bandler und Grinder 1990). Nach diesem Modell wird die kommunikative Schnittmenge seitens des Senders verkleinert durch den Gebrauch von Universalquantifizierungen, Nominalisierungen und sprachlichen Tilgungen. Um die kommunikative Schnittmenge zu vergrößern müssen diese Elemente der Kommunikation näher hinterfragt werden. Diese drei Elemente werden nachfolgend näher beschrieben. Beim praktischen Interview kann man diese drei Elemente als Signalgeber zum Nachfragen benutzen, die „automatisch" und formal anzeigen, an welcher Stelle es sich lohnt weiter nachzufragen, um die kommunikative Schnittmenge zu vergrößern.

6.2 Universalquantifizierungen

Das erste zu hinterfragende Element ist die so genannte „Universalquantifizierung." Dabei handelt es sich um Formulierungen, die sich immer auf eine größere Menge von Personen, Situationen etc. beziehen und daher wenig oder gar keine spezifische Information enthalten können. Verwendet der Sender Universalquantifizierungen, so sollten diese hinterfragt werden. Eine Unterhaltung mit dem Gebrauch von Universalquantifizierungen bleibt immer auf einem allgemeinen, unverbindlichen Niveau. Bei einem Bewerbergespräch geht es aber darum, den Arbeitsplatz möglichst detailliert kennenzulernen. Universalquantifizierungen sind diesem Ziel genau entgegengesetzt. Benutzt der Sender Universalquantifizierungen, so vermeidet er ein eindeutiges Stellungbeziehen, er „versteckt" sich hinter einer größeren Menge.

Beispiele für Universalquantifizierungen

- wir
- man
- alle
- jede(r)
- sämtliche
- irgendeiner
- immer
- die Fachwelt
- es
- generell
- häufig
- die Firma
- niemals
- keine(r)
- nichts
- nie
- nirgends

Diese Universalquantifizierungen können als Signalworte fungieren, die eine Nachfrage immer lohnenswert machen.

> **Beispiele zum Nachfragen**
>
> - „Wer genau …?"
> - „Was genau …?"
> - „Wie sehen Sie persönlich …?"
> - „Was meinen Sie selber zu …?"

6.3 Nominalisierungen

Die zweite sprachliche Konstruktion, die Information verschleiert, ist die so genannte „Nominalisierung". Bei einer Nominalisierung nimmt der Sender eine Verkürzung der Beschreibung vor, indem er aus einem Prozess einen Endzustand formuliert (siehe Abb. 6.2). Der Endzustand wird zwar beschrieben, nicht aber der Weg, der zu diesem Endzustand geführt hat. Der individuelle Prozess der Entstehung eines Endzustandes ist es jedoch, der erst essenzielle Informationen liefert. Ein Endzustand dagegen kann auf sehr vielen unterschiedlichen Wegen erreicht werden. Formal syntaktisch wird ein Nomen dort eingesetzt, wo eigentlich ein Verb hingehört (Abb. 6.3). Ein Prozesswort oder ein Verb der Gedankenwelt des Senders tritt bei der Nominalisierung als Nomen in der Verbalisierung des Senders auf. Wie lassen sich Nominalisierungen erkennen?

Ein „richtiges" Hauptwort unterliegt drei Kriterien:

1. Man schreibt es groß.
2. Man stellt ihm den „Begleiter" (der/die/das/ein/eine) voran.
3. Man kann es sehen beziehungsweise anfassen.

Auf ein „falsches" Hauptwort (Nominalisierung) treffen dagegen nur die Kriterien 1 und 2 zu, das Kriterium 3 jedoch nicht.
Eine Nominalisierung ist daher die Erzeugung eines „falschen" Hauptwortes.
In der Aussage „Gute Zusammenarbeit ist für uns wichtig" lautet das Nomen (beziehungsweise die Nominalisierung) „Zusammenarbeit." Formal schreibt man „Zusammen-

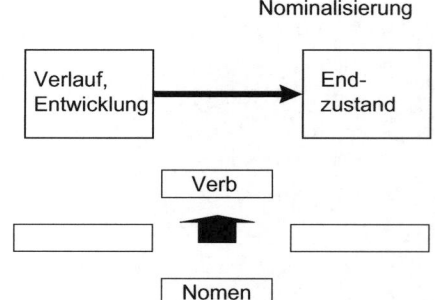

Abb. 6.2 Der sprachliche Verkürzungsmechanismus der Nominalisierung

Abb. 6.3 Der Prozess der Nominalisierung. Wo eigentlich ein Verb hingehört, wird ein Nomen eingesetzt

6.3 Nominalisierungen

arbeit" groß und es ist möglich den Begleiter „die" davorstellen. Eine „Zusammenarbeit" kann man jedoch nicht sehen oder anfassen, daher handelt es sich um eine im engeren Sinne grammatische Fehlkonstruktion. Ein Nomen wird also durch eine Nominalisierung „künstlich" erzeugt. Dahinter steht das Verb „zusammenarbeiten." Daher ist das Wort „Zusammenarbeit" in diesem Beispiel näher zu hinterfragen.

Formales Vorgehen zur Identifikation von Nominalisierungen
Achten Sie auf jedes Hauptwort in der Kommunikation.

1. Überprüfen Sie, ob dieses Hauptwort einen Gegenstand oder einen Endzustand darstellt. Dies kann zum Beispiel dadurch geschehen, dass man sich innerlich die Frage stellt: „Kann ich es anfassen?" Beantworten Sie diese Frage mit „Ja", so ist es ein Nomen, beantworten Sie diese Fragen dagegen mit „Nein", so ist dies ein Anlass, weiter nachzufragen.

Weitere Kriterien zur Überprüfung, ob eine Nominalisierung vorliegt

- „Wird deutlich, *wie* etwas gemacht wird?" (Wenn diese Frage mit „Nein", beantwortet wird, kann eine Nominalisierung vorliegen.) Die Aussage „Ich möchte meine Erfahrung einbringen" enthält die Nominalisierung „Erfahrung", die einen Endzustand beschreibt. Nachzufragen ist dabei, um welche Erfahrungen es sich handelt und wie diese Erfahrungen gemacht wurden.
- „Kann man sich das Nomen bildlich vorstellen?" Gelingt dies nicht, so ist es ein Hinweis auf eine zu hinterfragende Nominalisierung. Der Begriff „Erfahrung" oder „Zusammenarbeit" ist nicht bildhaft darstellbar. Man muss daher weiter nachfragen.

Das Nachfragen bei Nominalisierungen ist sehr einfach. Man „übersetzt" dabei nur das Nomen in das dazugehörige Verb und formuliert daraus eine Frage. Man kehrt damit also den Prozess der Nominalisierung wieder um und veranlasst den Sender dazu, seine Sätze mit Information anzureichern. Um den Begriff „Zusammenarbeit" nachzufragen, kann man zum Beispiel fragen: „Wie arbeiten Sie in Ihrem Betrieb zusammen?" Das „zwangsnominalisierte" Nomen „Zusammenarbeit" wird wieder auf das Verb „zusammenarbeiten" zurückgeführt und dadurch die Grammatik (und mit ihr das Verständnis) zurechtgerückt.

Mögliche Formulierungen, um den Verlauf zu hinterfragen

- „Wie kam es, dass … ?"
- „Wie hat sich … entwickelt?"
- „Was waren die Überlegungen für … ?"

6.4 Sprachliche Tilgungen

Eine weitere mögliche Eigenheit von inhaltsleeren sprachlichen Formulierungen stellen so genannte „sprachliche Tilgungen" dar. Sprachliche Tilgungen machen einen Satz dadurch unverständlich, dass in ihm bestimmte Elemente fehlen.

Die Aussage „Ich bin wütend" ist nicht vollständig, es fehlt der jeweilige Bezug, worüber man wütend ist. Der Hörer kann sich diesen Bezug vielleicht denken, er kann aber nicht gewiss sein, dass diese Vermutung auch dem entspricht, was der Sender meinte.

Anschaulich wird dies an einem Dialogbeispiel von Loriot:

Dialogbeispiel

Vater: „Du, die junge Dame, die du da neulich ..., ist das deine ... ist die in deiner Klasse?"
Sohn: „Mmm"
Vater: „Und wie ist das so, wenn ihr zusammen seid, wie ist das, wenn ihr so äh ...? Sieh mal, deine Mutter und ich ... wir sind ja auch nicht von Natur aus alt auf die Welt gekommen. Das Wichtigste ist, dass man ... gerade wenn man jung ist, da ist der Körper ... Das ist ganz natürlich, also das Körperliche. Männer sind ... und Frauen auch ..., überleg dir das mal. Gerade weil ich es gut mit dir meine. Haben wir uns verstanden?"
Sohn: „Mmm"
Vater: „Gut, dass du mal ganz offen über alles gesprochen hast."
(*Loriot „Papa ante Portas"*)

Ein Thema (hier das Thema Empfängnisverhütung) wird mit Hilfe von sprachlichen Tilgungen irgendwie (!) *an*gesprochen, aber nie wirklich *aus*gesprochen.

Dieser Beispieltext hat natürlich humoristischen Charakter, aber auch in realen Gesprächen wird man oft ähnliche Sprachfiguren finden.

In neuerer Zeit bedient sich der Kabarettist Rolf Miller der Tilgung. Er schafft es, ein komplettes Bühnenprogramm fast ausschließlich mit Tilgungen zu füllen.

Kriterium für das Vorliegen einer sprachlichen Tilgung
Ist (intuitiv) eine vollständigerer Satz vorstellbar, indem man fragt: „Was genau?", „Wer genau?", „Wie genau?", dann sollte nachgefragt werden.

Weitere Beispiele für sprachliche Tilgungen
Nachfolgend stehen in der linken Spalte Sätze, die Tilgungen enthalten, in der rechten Spalte Fragen, mit deren Hilfe die Tilgungen hinterfragt werden können.

„Ich bin froh."	Worüber?
„Ich habe ein Problem."	Womit?
„Die Kommunikation ist erschwert."	Mit wem? Wodurch?
„Ich verspreche, mich zu bemühen."	Was zu tun?
„Ich mag keine ungenauen Menschen."	Bei was ungenau?
„Penible Leute ärgern mich."	Bei was penibel?
„Ich bin neugierig."	Worauf?

Literatur

Bandler, R., & Grinder, J. (1990). *Metasprache und Psychotherapie*. Paderborn: Junfermann.

Spezielle Fragen/Überprüfung der Antworten 7

Im Prinzip kann der Bewerber auf jede Frage „frei erfunden" antworten, da der Interviewer die Richtigkeit vieler Antworten nicht oder zumindest nicht unmittelbar nachprüfen kann. In der Realität ist jedoch das taktische Antworten durch verschiedene Gegebenheiten zumindest eingeschränkt:

Wahrscheinlich sind nur wenige Bewerber dazu in der Lage, über eine längere Zeit verzerrt zu antworten, da dies „geistige Arbeit" und Schlagfertigkeit erfordert. Antwortet ein Bewerber absichtlich verzerrt, so braucht er dazu eine hohe Konzentration, um über eine längere Zeit auch konsistent verzerrt antworten zu können und sich dabei nicht in Widersprüche zu verwickeln. Zusätzlich benötigt er noch ein gutes Erinnerungsvermögen. Es fällt daher einfach leichter, „ehrlich" zu antworten. Da der Bewerber nicht genau wissen kann, welche Informationen der Interviewer prinzipiell nachprüfen kann und ob er dies auch tun wird, wird er die Verzerrung eher vorsichtig anwenden.

Andererseits ist es ja das legitime Recht des Bewerbers, sich in ein möglichst gutes Licht zu rücken. Dabei ist ihm eine ständig steigende Anzahl von Bewerberratgebern behilflich. Die meisten Fragen, die üblicherweise im Vorstellungsgespräch gestellt werden, sind veröffentlicht mitsamt den scheinbar „richtigen" Antworten dazu. Die nachfolgend beschriebenen Techniken erlauben es abzuschätzen, in welchem Ausmaß ein Bewerber die Antworten oberflächlich antrainiert hat, beziehungsweise in welchem Ausmaß sie „richtige" und „spontane" Antworten des Bewerbers darstellen. Auch hier kommt es wieder darauf an, nicht dem Gesprächsmodell des Bewerbers zu folgen, sondern genau dieses vom Bewerber erwartete Gesprächsmodell zu durchbrechen.

7.1 Konkretisieren

Die Technik des Konkretisierens als eine zentrale Technik des Vorstellungsgespräches wurde bereits in Kap. 6 und 7 dargestellt. Der Vergleich der Antwortqualität auf eine allgemein gestellte Einstiegsfrage mit der Qualität der Antworten auf die Nachfragen erlaubt eine Abschätzung der Tendenz des Bewerbers, taktisch und verzerrt zu antworten. Ist die Qualität der Antworten auch beim Nachfragen hoch, so spricht dies für eine eher „ehrliche" Antwort des Bewerbers. Ist dagegen die Qualität der Antworten auf die Nachfragen geringer als die Qualität der Antworten auf die allgemeinen Einstiegsfragen, so spricht dies eher für taktisches Antworten, zumindest ist dann Vorsicht angebracht.

7.2 Zum gängigen Stereotyp konträre Fragen

Bei dieser Technik sucht man zunächst Fragen, von denen zu erwarten ist, dass sie von fast allen Bewerbern in einer bestimmten Richtung beantwortet werden, die fast Allgemeingut ist. Zur Generierung solcher Fragen eignen sich zum Beispiel Bewerberhandbücher, in denen diese Stereotype verbreitet werden. Ein solcher Stereotyp stellt zum Beispiel die Einstellung zur Teamarbeit dar. Nahezu jeder Bewerber wird auf die Frage: „Wie stehen Sie zur Teamarbeit?", antworten, dass er der Teamarbeit positiv gegenübersteht. Der Informationsgehalt der Antwort des Bewerbers ist daher sehr gering. Mit einer solchen Antwort allein kann der Interviewer nichts anfangen. Bei der Überprüfungstechnik der zum Stereotyp konträren Fragen geht es daher darum, diese dem allgemeinen Stereotyp entsprechende Antwort infrage zu stellen. Aus den Bewerberreaktionen zu diesen zum gängigen Stereotyp konträr gestellten Fragen kann man abschätzen, ob sich der Bewerber tatsächlich mit dem jeweiligen Thema auseinandergesetzt hat oder ob er nur die (scheinbar) „richtige" Antwort auswendig gelernt hat.

Auf die Frage nach der Teamarbeit antworten Bewerber in der Regel, dass die Teamarbeit immer wichtiger werde, heutzutage sogar eine notwendige Voraussetzung für den Produktionsprozess darstelle, dass das „Einzelkämpfertum" heute keine Berechtigung mehr habe, dass komplexe Abläufe nur durch Teamarbeit bewältigt werden können, dass interdisziplinäres Handeln heute ganz zentral sei, dass er sich auf die Prüfungen auch in der Gruppe vorbereitet habe und so weiter und so fort. Diese Antworten werden relativ stereotyp „heruntergebetet". Aus den Antworten auf diese Fragen kann man maximal erkennen, ob ein Bewerber die gängigen Stereotype kennt oder ob er nicht einmal mit diesen vertraut ist. Auf keinen Fall kann man damit abschätzen, wie der Bewerber „tatsächlich" zur Teamarbeit steht und welche Erfahrungen er mit Teamarbeit hat. Diese Informationen wären natürlich sehr relevant. Bei der Technik der zum allgemeinen Stereotyp konträren Frage geht man nun so vor, dass dieses Stereotyp negiert wird und man den Bewerber auffordert, die Negierung des Stereotyps zu untermauern. Gelingt es dem Bewerber dabei nicht, auch diese Negation zu untermauern, spricht dies dafür, dass er nur wenig und nur sehr undifferenziert mit der Thematik vertraut ist und daher in einer eher angelernten Weise antwortet.

7.2 Zum gängigen Stereotyp konträre Fragen

Solche zum gängigen Stereotyp konträren Fragen können für die Teamarbeit zum Beispiel sein:

- „Wo sehen Sie Grenzen von Teamarbeit?"
- „Wo sollte man keine Teamarbeit anwenden?"
- „Was muss gegeben sein, damit Teamarbeit erfolgreich verläuft?"
- „Teamarbeit ist ja nun eine sehr problematische Sache, wo sehen Sie die Hauptprobleme?"
- „Die Teamarbeit wird nach meiner Ansicht weit überschätzt. Wo sehen Sie die Knackpunkte dabei?"

Nach meiner Erfahrung antwortet mindestens die Hälfte der Bewerber, die Teamarbeit sei prinzipiell immer gut, es gebe keine Probleme mit der Teamarbeit etc. Solche Antworten zeigen, dass der Bewerber keine differenzierte Vorstellung von Teamarbeit hat und nur entsprechend dem Stereotyp antwortet. Der Bewerber, der sich dagegen differenziert mit dem Thema „Teamarbeit" auseinandergesetzt hat, wird zum Beispiel antworten:

- Der Koordinationsaufwand ist bei Teamarbeit höher als bei Einzelarbeit.
- Gruppen benötigen eine längere Anlaufzeit.
- Entscheidungen können verzögert werden.
- Einzelne Gruppenmitglieder können das Team dominieren.
- Konformitätseffekte können auftreten.
- Für klar definierte Aufgaben ist Einzelarbeit häufig besser.
- Gruppen bieten eine Bühne für profilierungssüchtige Mitglieder.
- Der Einzelne kann sich verstecken (Trittbrettfahren).
- Gruppen entscheiden in der Regel riskanter als Einzelpersonen (Risikoschubphänomen).
- etc.

Abb. 7.1 Das Konstruktionsprinzip von zum gängigen Stereotyp konträren Fragen

Auf welche Frage antworten (fast) alle Bewerber in der gleichen Richtung? (Stereotyp)

Zu dieser wahrscheinlichen Antwort eine konträre Position formulieren

Der Bewerber soll diese konträre Position stützen

Wenn ein Bewerber die oben genannten Punkte anspricht, können diese natürlich noch weiter hinterfragt werden, um festzustellen, ob es sich nur um „angelerntes" Wissen oder um tatsächliche Erfahrungen handelt.

Das Konstruktionsprinzip der zu dem gängigen Stereotyp konträren Fragen wird in Abb. 7.1 dargestellt.

7.3 Zirkuläre Fragen

Dieser Fragetyp bietet sich immer dann an, wenn es um Selbstbewertungen des Bewerbers geht. Natürlich ist es wiederum wichtig und nützlich, zu wissen, wie sich der Bewerber selber einschätzt, wo zum Beispiel seine Stärken und seine Schwächen liegen. Gerade diese Fragen sind in Bewerberkreisen hinlänglich bekannt. Jeder Bewerber hält wahrscheinlich eine relativ unbedeutende Schwäche parat, die zusätzlich vielleicht noch eine Stärke darstellt, wie zum Beispiel: „Ich bin manchmal etwas zu genau", oder: „Ich versuche, viele Projekte gleichzeitig zu machen." usw. Auf die Frage der Selbsteinschätzung werden die Bewerber in aller Regel natürlich eine positive Selbsteinschätzung abgeben, alles andere wäre reine Selbstdestruktion. Mit Hilfe zirkulärer Fragen kann man der Trivialität der Antworten auf diese Fragen zumindest ein Stück weit entgehen.

Bei der Technik der zirkulären Fragen wird der Bewerber nicht nach seiner eigenen Selbsteinschätzung gefragt, sondern danach, wie er glaubt, dass relevante andere Personen ihn wohl einschätzen würden (siehe Abb. 7.2). Der Bewerber muss dann geistig einen „Umweg" über eine andere Person machen und sich zu einem gewissen Teil zum Gegenstand einer hypothetischen Außenbetrachtung machen. Diese „geistige Kurve" bindet kognitive Energie, die dann zur bewussten Kontrolle der Antworten fehlt, und macht es daher wahrscheinlicher, dass der Bewerber spontan antwortet. Zusätzlich wird diese Frage zu einer „Denkaufgabe", bei der man nicht so einfach die vorbereitete Antwort abspulen kann.

Aus der Selbstkonzeptforschung ist bekannt, dass sich die von Versuchspersonen berichteten Selbstbilder dann besser mit den Fremdbildern decken, wenn die Versuchsperso-

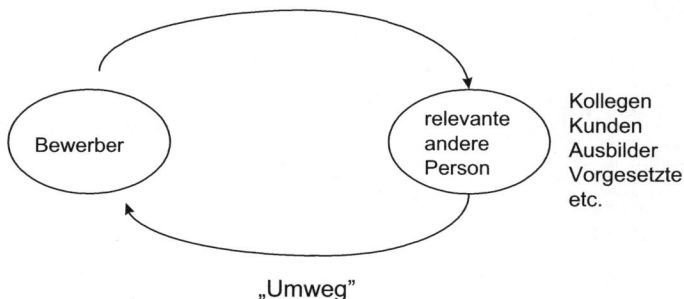

Abb. 7.2 Konstruktion zirkulärer Fragen

nen vor einem Spiegel sitzen, während sie ihr Selbstbild beschreiben (Pryor et al. 1977). Offenbar bewirkt eine Betrachtung der eigenen Person von außen (sei es durch einen Spiegel oder durch die kognitive Aufgabe, die Bewertung der eigenen Person durch andere Personen einzuschätzen), dass ein realistischeres Selbstbild berichtet wird. Der Bewerber nimmt durch die Beantwortung zirkulärer Fragen zu einem Teil eine „Außensicht" seiner eigenen Person ein.

Konkrete Formulierungen für solche zirkulären Fragen sind zum Beispiel:

- „Worin, glauben Sie, würden Ihre Kollegen sagen, liegen Ihre Stärken?"
- „Wie glauben Sie, würden Ihre Kollegen sagen, möchten Sie von ihnen gesehen werden?"
- „Was würde Ihr Chef meinen, können Sie sehr gut?"
- „Was glauben Sie, würden Ihre Kunden sagen, sind Ihre Pluspunkte?"
- „Wie glauben Sie, würden Sie Ihre Ausbilder beschreiben?"

Die in der Originalform triviale, reflexhaft natürlich in einer positiven Richtung beantwortete Frage nach der eigenen Selbstbewertung wird so zu einer relativ komplexen kognitiven Aufgabe. Es laufen ganz andere kognitive Prozesse ab als bei der einfachen Frage nach der Selbstbewertung. Aus der einfachen Frage nach der Selbsteinschätzung wird so die komplexe Leistung der Einschätzung durch andere Personen.

Die oben gestellte Frage muss noch weiter ausgebaut werden durch die Nachfrage: „Woher glauben Sie zu wissen, dass Ihr Vorgesetzter Sie so einschätzt?" Es steht damit ein weiteres Korrektiv zur Verfügung, das eine Abschätzung erlaubt, wie fundiert und reflektiert die vorher gegebene Einschätzung durch andere ist.

7.4 Projektive Fragen

Projektive Fragen sind den zirkulären Fragen sehr ähnlich. Sie stellen ebenfalls eine eher indirekte Form der Fragestellung dar. Dabei werden die Fragen so formuliert, dass damit die Werthaltungen anderer Personen aus der Sicht des Bewerbers bewertet werden. Die dahinterstehende Idee ist, dass sich bei jeder Bewertung der Werthaltungen anderer Personen die eigenen Werthaltungen zu einem guten Teil widerspiegeln. In jede Bewertung anderer Personen legen wir unwillkürlich einen Teil unserer eigenen Werthaltungen hinein. Daher sind diese Fragen immer dann sinnvoll, wenn es darum geht, Einstellungen, Werthaltungen etc. zu erfassen. Dadurch, dass man nicht direkt nach den Werthaltungen des Bewerbers fragt, sondern Werthaltungen auf relevante Personen in der Außenwelt des Bewerbers „projiziert", erreicht man, ähnlich wie bei den zirkulären Frage, dass die gestellte Frage nicht nur einen (eventuell auswendig gelernten) Antwortreflex auslöst, sondern dass die Frage zu einer kognitiven Aufgabe wird. Zusätzlich erzeugt man eine Distanzierung, da es ja (zumindest vordergründig) um andere Personen und nicht um den Bewerber selber geht. Die Frage wird für den Bewerber zu einer komplexeren und dadurch der bewussten

Abb. 7.3 „Projektion" der eigenen Werthaltungen auf andere Personen

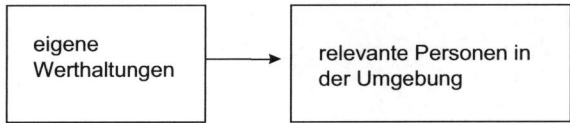

Manipulation weniger zugänglichen Aufgabe als das bloße Aufzählen der eigenen Werte. Die Informationen, die man auf diese Weise zu den Werthaltungen des Bewerbers erhält, sind dadurch wahrscheinlich authentischer.

Praktisch definiert man eine relevante Person aus der Umgebung des Bewerbers (Lehrer, Vorgesetzte, Kollegen, Kunden, Mitarbeiter etc.) und fordert den Bewerber auf, deren Werthaltungen zu beschreiben und zu bewerten (siehe Abb. 7.3).

Konkrete Formulierungen können zum Beispiel sein

- „Beschreiben Sie bitte die Werthaltungen Ihres Vorgesetzten."
- „Wie bewerten Sie diese Werthaltungen?"
- „Wie würden Sie die drei wichtigsten Werte Ihres Ausbilders beschreiben?"
- „Was halten Sie von diesen Werten?"

Die Antworten des Bewerbers auf diese Fragen können und sollen dann natürlich weiter hinterfragt werden.

7.5 Abstrakte Fragen

In Kap. 6 wurde beschrieben, wie schwer es vielen Bewerbern fällt, konkrete Aussagen zu treffen. Dies kann aus einer allgemeinen Tendenz zur Inkonkretheit herrühren, kann aber auch eine (bewusste oder unbewusste) Selbstverbergung sein. Die Bewerber scheinen ein mittleres Maß an Konkretheit ihrer Antworten zu bevorzugen. In diesem mittleren Konkretisierungsbereich erfolgen die Antworten eher kontrolliert, reflektiert, vorbereitet.

Eine Möglichkeit, hier zu intervenieren, ist die in Kap. 6 dargestellte permanente Konkretisierung. Es gibt aber auch die Möglichkeit, genau das Gegenteil davon zu tun, d. h. möglichst abstrakte Fragen zu stellen. Dies wird sehr häufig dazu führen, dass der Bewerber verblüfft ist und daher eher spontan, unreflektiert und natürlich antwortet (siehe Abb. 7.4). Diese Art der Antworten ist natürlich wesentlich nützlicher als kontrollierte und reflektierte Antworten.

Beispiele für sehr abstrakte Fragen sind

- „Wie lautet Ihr Lebensmotto?"
- „Was heißt Arbeit für Sie?"

Abb. 7.4 Antwortverhalten in Abhängigkeit vom Abstraktionsgrad der Frage

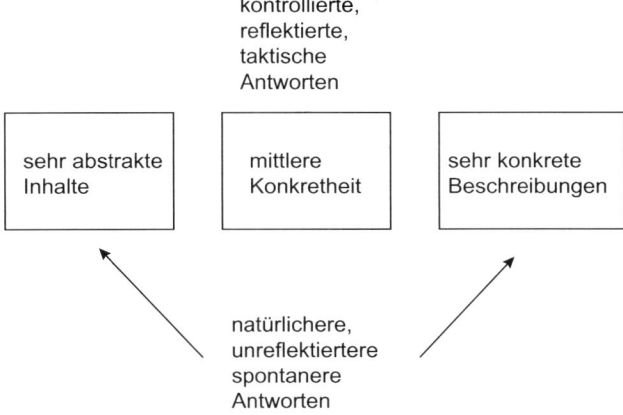

- „Was ist in Ihrem Leben zentral?"
- „Was können Sie überhaupt nicht leiden?"
- „Wie sieht Ihr Traum aus?"
- etc.

7.6 Mehrgliedrige Fragen

Mit Hilfe von mehrgliedrigen Fragen ist relativ gut abzuschätzen, inwieweit ein Bewerber in der Lage ist, „mehrgleisig" zu denken, inwieweit er die Kommunikation inhaltlich führen kann und dabei gleichzeitig auf der Meta-Ebene die Kommunikation überblicken und steuern kann oder inwieweit er auf einen Teil der Fragen fixiert ist und dabei den Überblick verliert. Eine mehrgliedrige Frage besteht im Prinzip aus mehreren einzelnen Fragen (siehe Abb. 7.5) die in einen einzigen Fragesatz gepackt sind. Damit wird eine Informationsüberladung erreicht. Der Bewerber muss sich zunächst eine der gestellten Teilfragen herausgreifen und diese beantworten, was natürlich jeder Bewerber leisten kann. Viele Bewerber belassen es aber dann bei der Beantwortung der durch sie herausgegriffenen Teilfrage und haben die anderen Teilfragen nicht mehr parat. Der Effekt der mehrgliedrigen Fragen kann noch dadurch gesteigert werden, dass die Beantwortung der ersten Teilfrage durch den Interviewer mittels vieler Nachfragen relativ lange „ausgebaut" wird. Dies erschwert es dem Bewerber, die anderen Teilfragen im Gedächtnis zu behalten. Wichtig beim Stellen von mehrgliedrigen Fragen ist, dass der Interviewer dem Bewerber nach der Beantwortung der ersten Teilfrage nicht sofort von sich aus die nächste Frage stellt, sondern dem Bewerber erst einmal etwas Zeit zum Nachdenken lässt. Erst wenn nach dieser Zeit keine Reaktion vom Bewerber kommt, sollte der Interviewer die nächste Frage stellen. Um den Schwierigkeitsgrad zu steigern, kann der Interviewer mit zweigliedrigen Fragen beginnen und dann, falls diese komplett beantwortet wurden, drei- oder viergliedrige Fragen stellen.

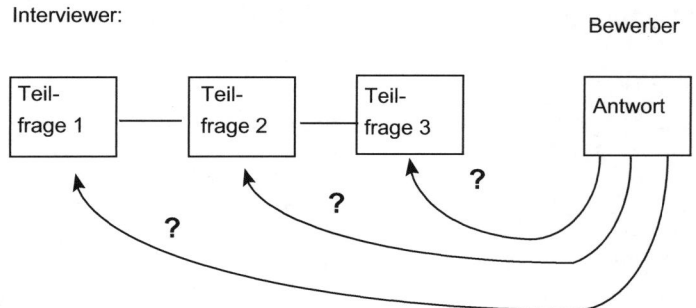

Abb. 7.5 Mehrgliedrige Fragen

Verschiedene mehrgliedrige Fragen sollten nicht unmittelbar nacheinander gestellt werden, sondern „zufällig" in den Gesprächsablauf eingestreut werden.

Beispiele für mehrgliedrige Fragen

- Zweigliedrige Fragen:
  - „Was ärgert Sie im Berufsleben (1. Teilfrage) und wie reagieren Sie dann darauf (2. Teilfrage)?"
  - „Wie waren Ihre einzelnen Prüfungsergebnisse (1. Teilfrage) und wie sind Sie bei der Vorbereitung vorgegangen (2. Teilfrage)?"
  - „Was sind Ihre beruflichen Ziele (1. Teilfrage) und wie wollen Sie diese erreichen (2. Teilfrage)?"
  - „Welche Vorstellungen haben Sie von der idealen Arbeit (1. Teilfrage) und wie kamen diese zustande (2. Teilfrage)?"
  - „Was war ausschlaggebend für die Wahl Ihres Studienfaches (1. Teilfrage) und wie war die Bewerbersituation in diesem Studiengang (2. Teilfrage)?"
- Dreigliedrige Fragen:
  - „Was ärgert Sie im Berufsleben (1. Teilfrage), wie reagieren Sie darauf (2. Teilfrage) und was tun Sie, um diesen Ärger zu vermeiden (3. Teilfrage)?"
  - „Wie waren Ihre einzelnen Prüfungsergebnisse (1. Teilfrage), wie sind Sie bei der Vorbereitung vorgegangen (2. Teilfrage) und was würden Sie bei der nächsten Prüfung anders machen (3. Teilfrage)?"
  - „Was sind Ihre beruflichen Ziele (1. Teilfrage), wie wollen Sie sie erreichen (2. Teilfrage) und was tun Sie, wenn Sie diese Ziele nicht erreichen (3. Teilfrage)?"
  - „Welche Vorstellungen haben Sie von der idealen Arbeit (1. Teilfrage), wie kamen diese zustande (2. Teilfrage) und was tun Sie, wenn diese nicht gegeben sind?"
  - „Was war ausschlaggebend für die Wahl Ihres Studienfaches (1. Teilfrage), wie war die Bewerbersituation in diesem Studiengang (2. Teilfrage) und wie schätzen Sie die zukünftige Entwicklung dieses Studienganges ein (3. Teilfrage)?"

Auswertung der Bewerberantworten auf mehrgliedrige Fragen
Das Antwortverhalten auf mehrgliedrige Fragen kann direkt quantifiziert werden. Der Interviewer hält fest, auf wie viele Teilfragen der Bewerber antwortet. Abhängig vom Antwortverhalten kann der Interviewer zum Beispiel folgende Punkte vergeben.

- Bewertung der Antworten auf zweigliedrige Fragen:
  1 = Bewerber beantwortet nur eine Teilfrage.
  2 = Bewerber fragt nach der zweiten Teilfrage.
  3 = Bewerber antwortet von sich aus auf beide Teilfragen.
  4 = Bewerber kommt auch nach Unterbrechungen durch den Interviewer von sich aus auf die Beantwortung der Teilfragen zurück.
- Bewertung der Antworten auf dreigliedrige Fragen:
  1 = Bewerber antwortet nur auf eine Teilfrage.
  2 = Bewerber fragt nach der zweiten Teilfrage.
  3 = Bewerber antwortet von sich aus auf zwei Teilfragen.
  4 = Bewerber fragt nach der dritten Teilfrage.
  5 = Bewerber beantwortet von sich aus alle drei Teilfragen.
  6 = Bewerber kommt auch nach Unterbrechungen durch den Interviewer von sich aus auf die Beantwortung der Teilfragen zurück.

7.7 Anwendung der beschriebenen Fragetechniken

Es ist natürlich nicht sinnvoll, ständig solche Fragen zu stellen. Ein paar dieser Fragen reichen meist aus, um einerseits dem Interviewer die Möglichkeit zu geben, das Ausmaß der sozialen Erwünschtheit der Antworten des Bewerbers abzuschätzen. Andererseits wird dem Bewerber damit auf der Beziehungsebene signalisiert, dass der Interviewer nicht bereit ist, sich mit Standardantworten zufriedenzugeben. Fragen in der oben beschriebenen Art sollten möglichst frühzeitig im Gespräch eingesetzt werden, um dem Bewerber frühzeitig zu signalisieren, dass er einem kompetenten Interviewer gegenübersitzt. Nach meiner Erfahrung reichen wenige Fragen dieser Art dazu aus, den Bewerber zu überraschen und die Ebene zu definieren, auf der das Gespräch aus Sicht des Interviewers ablaufen soll.

Literatur

Pryor, J. B., Gibbons, F. X., Wicklund, R. A., Fazio, R. H., & Hood, R. (1977). Self-focused attention and self-report validity. *Journal of Personality, 45*, 513.

Quantifizierbare Antworten 8

8.1 Vorgehen bei der Konstruktion von Fragen mit quantifizierbaren Antworten

Die Entwicklung eines quantitativ bewertbaren Fragensystems erfordert einige Vorbereitung und ist nicht ohne einen gewissen Grad an methodischem Aufwand realisierbar. Dieser Aufwand lohnt sich aus meiner Sicht jedoch aus den oben angeführten Gründen.

Zunächst wird ein Fragenkatalog benötigt, den man subjektiv für relevant hält. Um die Quantifizierung von Antworten vornehmen zu können, ist es nötig, mehreren Bewerbern die identische Frage zu stellen. Die Antworten von mindestens zehn Bewerbern werden gesammelt und geordnet. Die numerische Bewertung der Antworten erfolgt danach, wie „gut" die Antworten sind. Die „beste" Antwort erhält die Zahl 1, die „schlechteste" Antwort die Zahl 5. Die dazwischen liegenden Antworten erhalten die Zahlen 2, 3 und 4. Um zu entscheiden, welche Antworten „gut" und welche „schlecht" sind kann man unterschiedlich vorgehen:

- Empirisches Vorgehen:
  Die erste Art, dies festzustellen, ist rein empirischer Natur und erfordert einige Zeit des spekulativen Handelns. Man überprüft dabei rückwirkend anhand der späteren Erfolgsmaße, in welcher Richtung „erfolgreiche" Bewerber bestimmte Fragen beantworten. Dieses Vorgehen hat natürlich den Nachteil, dass eine Versuchsphase benötigt wird, in der die Quantifizierung noch nicht anwendbar ist.
- Reihung nach „Differenziertheit" und „Originalität":
  Die zweite Art, eine Unterteilung in „gute" und „schlechte" Antworten vorzunehmen, besteht darin, die Antworten anhand zweier Dimensionen zu ordnen. Eine sinnvolle Dimension ist dabei die „Differenziertheit" einer Antwort im Gegensatz zu der „Schematisierung" einer Antwort.

Beispiel für die Dimension „Differenziertheit der Antworten"

Frage: „Was halten Sie von Konkurrenz am Arbeitsplatz?"
Antworten:

5 = „gar nichts/sehr viel".
3 = „hängt von der jeweiligen Situation ab".
1 = Bewerber gibt Beispiele für positive und negative Auswirkungen.

Beispiel für die Dimension „Differenziertheit"

Frage: „Streben Sie eine Führungsposition an?"
Antworten:

5 = „Nein".
4 = „Ja" ohne Begründung.
3 = „Ja" mit Begründung.
2 = „Ja" mit guter Begründung.
1 = „Ja" mit Begründung, Begründung hält auch Nachfragen stand.

Eine andere Möglichkeit, wie die Antworten des Bewerbers geordnet werden können, stellt in Anlehnung an ein von Rorschach (1921) in einem anderen Zusammenhang entwickeltes psychodiagnostisches Schema die Dimension „Originalität" versus „Trivialität" der Antworten dar. Bei dieser Dimension kann man derart vorgehen, dass man über verschiedene Bewerber hinweg die „Standardantworten" sammelt, diese Antworten sind dann die „Trivialantworten". Von diesen Trivialantworten abweichende Antworten des Bewerbers erhalten Originalitätspunkte. Um die Originalität beziehungsweise die Trivialität von Antworten abzuschätzen, können die Empfehlungen aus Bewerberhandbüchern sehr hilfreich sein, denn in Bewerberhandbüchern werden „gute Standardantworten" vorgestellt. Man kann als Interviewer nun diese Standardantworten als die Messlatte für die Trivialität von Antworten nehmen und positive Abweichungen von diesen Standardantworten entsprechend als Originalität der Antworten bewerten.

Solche trivialen Standardantworten sind zum Beispiel:

- „Was hat Sie bisher am stärksten frustriert?"
  - Antwort: „Zu geringe Aufstiegsmöglichkeiten."
- „Was ist wichtig für Ihre berufliche Zufriedenheit?"
  - Antwort: „Anerkennung, Freiräume, Herausforderungen."
- „Was erwarten Sie von Ihrem künftigen Vorgesetzten?"
  - Antwort: „Führung, Leitung, Lerneffekte."
- „Was tun Sie lieber: zuhören oder selber reden?"
  - Antwort: „Ich höre natürlich lieber zu."
- „Welche Eigenschaften an anderen Menschen stören Sie am meisten?"
  - Antwort: „Unehrlichkeit, Unzufriedenheit."

8.1 Vorgehen bei der Konstruktion von Fragen mit quantifizierbaren Antworten

- „Wie muss die für Sie ideale Arbeit aussehen?"
  - Antwort: „Selbständige, eigenverantwortliche Tätigkeiten, Entfaltungsmöglichkeiten kooperatives Verhältnis zu Vorgesetzten und Kollegen."
- „Wie müsste Ihre ideale Arbeitsgruppe aussehen?"
  - Antwort: „Die Arbeitsmoral aller Mitglieder ist sehr hoch, das Team nutzt die Stärken seiner Mitglieder, bei Problemen findet das Team selber eine Lösung."

Antwortet der Bewerber auf die jeweilige Frage mit der Antwort, die in Bewerberhandbüchern als Standardantwort empfohlen wird, so erhält er die Quantifizierung „0", kommen vom Bewerber hierzu abweichende Antworten, so erhält er die Quantifizierung „1". Aus mehreren dieser Fragen kann dann als Durchschnitt ein „Originalitätswert" der Antworten errechnet werden.

Die Autoren von Bewerberratgebern leisten hier wertvolle Arbeit für professionelle Interviewer, indem sie Messlatten für die „Trivialität" und die „Langweiligkeit" der Bewerberantworten vorgeben und somit einen wesentlichen Beitrag zur Quantifizierbarkeit des Interviews liefern.

Das Vorgehen bei der Generierung quantifizierbarer Antworten (siehe Abb. 8.1) ist natürlich iterativ. Lassen sich keine eindeutig „guten" und „schlechten" Antworten identifizieren, müssen unter Umständen die Fragen neu formuliert werden oder ganz neue Fragen generiert werden.

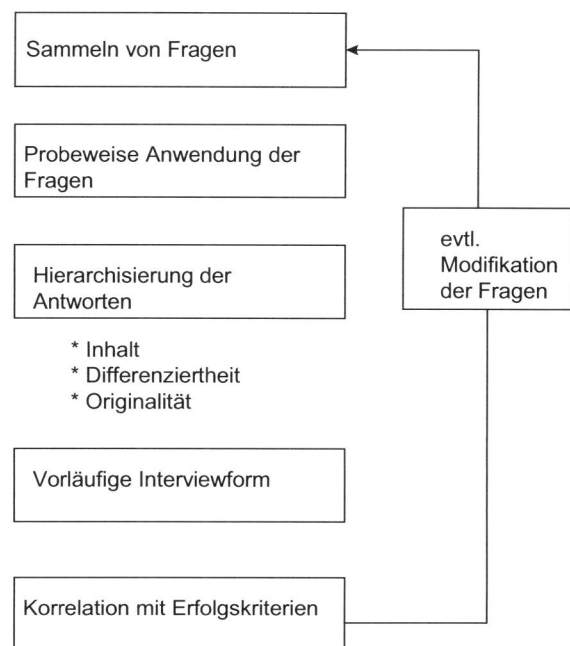

Abb. 8.1 Iteratives Vorgehen bei der Generierung quantifizierbarer Antworten

8.2 Interviewerverhalten beim Stellen von Fragen mit quantifizierbaren Antworten

Wenn man mit Fragen arbeitet, die zu quantifizierbaren Antworten führen sollen, ist es nötig, dass dieser Teil des Interviews in einer standardisierten, d. h. bei jedem Bewerber gleichbleibenden Form durchgeführt wird. Die Fragen werden dabei „eindirektional" gestellt, d. h., es findet in dieser Phase des Interviews keine weitergehende Interaktion zwischen Interviewer und Bewerber statt. Der Interviewer stellt dabei lediglich die Fragen, der Bewerber antwortet. Der Interviewer nimmt die Antworten des Bewerbers auf und hinterfragt sie nicht weiter, er versucht auch, dem Bewerber keine versteckten Hinweise darauf zu geben, welche Antworten gut oder weniger gut sind. Erst in der nächsten Phase des Interviews kann der Interviewer dann die jeweiligen Antworten näher hinterfragen.

Literatur

Rorschach, H. (1921). *Psychodiagnostik*. Bern: Bircher.

Der Gesprächsplan 9

Nachdem sich die Kap. 3 bis 8 mit der Gesprächstechnik im Rahmen eines Vorstellungsgespräches beschäftigt haben, geht es in diesem Kapitel um die Frage, welche Inhalte in einem Vorstellungsgespräch behandelt werden sollten. Generell kann man aus meiner Sicht in einem Vorstellungsgespräch nur sehr bedingt Kompetenzen des Bewerbers valide erfassen. Dies geht eher mit Assessment-Centern und ist nur in begrenztem Ausmaß in einem Interview durch Assessment-Center-Anteile zu realisieren. In einem Vorstellungsgespräch sind jedoch sehr gut die Vorstellungen des Bewerbers zu der jeweiligen Tätigkeit zu erfassen.

Ein Vorstellungsgespräch ist aus dieser Sicht ein Gespräch über Vorstellungen. Wenn versucht wird, die Vorstellungen einer Bewerbers zu der zur Disposition stehenden Tätigkeit zu erfragen, so kann es prinzipiell sein, dass der Bewerber konkrete Vorstellungen zur Tätigkeit hat oder dass diese Vorstellungen eher unkonkret sind. Sind die Vorstellungen des Bewerbers zur für ihn idealen Tätigkeit eher unkonkret, wird die Stellenbesetzung zu einem Glücksspiel. Es kann ja sein, dass die Bedingungen, auf die der Bewerber trifft, genau auf ihn passen, ohne dass er sich dessen vorab bewusst war oder ohne dass der die Vorstellungen verbalisieren konnte.

Über eine gewisse Zufallswahrscheinlichkeit hinaus taugt dieses Hoffen auf den Zufall jedoch nur wenig als rationales Entscheidungskriterium. Nach meiner Erfahrung haben insbesondere Hochschulabsolventen sehr undifferenzierte Vorstellungen über die für sie ideale Tätigkeit. Nach einer Umfrage an der Fachhochschule Ravensburg-Weingarten über die Bedingungen, die einen Arbeitgeber für Studenten attraktiv machen, sind dies hauptsächlich drei Elemente: eine gute Bezahlung, gute Sozialleistungen und gute Weiterbildungsmöglichkeiten. Letztendlich bedeutet dies die Fortsetzung des Studiums bei guter materieller Absicherung. Dieser Wunsch ist zwar legitim, hilft aber wenig bei beruflichen Entscheidungen, da in der Arbeitswelt sicher andere Kriterien für die effiziente Wahl des geeigneten Arbeitgebers von Bedeutung sind. Leider tragen Praktika und Diplomarbeiten in der Industrie offensichtlich auch nur wenig dazu bei, die Arbeitswelt etwas differenzierter zu sehen. Viele Berufsanfänger scheinen der Maxime zu folgen: „Ein interessantes

Abb. 9.1 Konkretheit von Vorstellungen

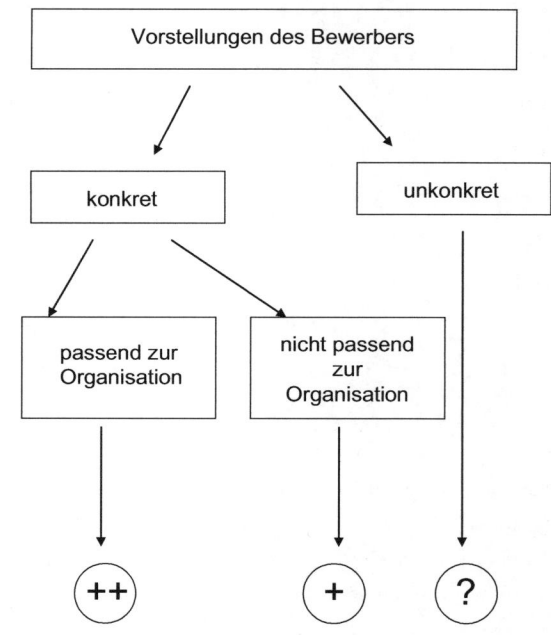

Fachgebiet bei einer renommierten Firma ist immer ein gutes Kriterium." Nach meiner Erfahrung ändert sich diese Sichtweise sehr schnell, wenn der Bewerber ein bis zwei Jahre Berufserfahrung hat. Er weiß dann wenigstens, welche Bedingungen er eher nicht gewillt ist zu akzeptieren. Die Undifferenziertheit der Vorstellungen von Berufsanfängern scheint mir auch ein Hauptgrund für die häufige Fluktuation am Berufsanfang zu sein. Um eine sichere Entscheidung treffen zu können, ist es daher notwendig, dass ein Bewerber möglichst konkrete Vorstellungen von der für ihn idealen Tätigkeit hat. Nur dann kann ein Abgleich erfolgen, ob er diese Bedingungen in dem Unternehmen finden wird oder eher nicht. Hat ein Bewerber zwar konkrete Vorstellungen, weichen diese aber von den Gegebenheiten im Unternehmen ab, hat man eine gute Grundlage für die Ablehnung eines Kandidaten. Schöner ist es natürlich, wenn der Bewerber konkrete Vorstellungen zur Tätigkeit hat und diese auch den Bedingungen vor Ort entsprechen (siehe Abb. 9.1).

Paradoxe Selektionsstrategie

Wir sind bisher davon ausgegangen, dass das Auswahlziel darin besteht, einen „passenden" Bewerber zu finden, d. h. einen Bewerber, der ähnliche Einstellungen hat wie diejenigen, die in der jeweiligen Organisationseinheit vorherrschen. Dies dürfte auch in den meisten Fällen die relevante Selektionsstrategie sein. Es kann jedoch auch der Fall auftreten, dass gerade ein „unpassender" Bewerber gesucht wird. Ein Teil der Eignung des Bewerbers besteht dann darin, anders zu sein als die anderen Personen in der Organisationseinheit. Organisationen und Organisationseinheiten reproduzieren sich ständig selbst, sie haben gerne Mitglieder, die genauso sind wie sie. Das führt in manchen Fällen zu einer Verengung der Verhaltensweisen und der Ansichten in einer Organisationseinheit, die kontraproduktiv wirken kann. Dann ist es an der Zeit, eine paradoxe Selektionsstrategie anzuwenden und einen „unpassenden" Bewerber zu suchen, damit sich eine eher zu homogene Organisationseinheit verändert. Diese Strategie ist prinzipiell legitim, soweit sie mit dem Bewerber offen angesprochen wird. Man muss dann dem Bewerber sagen, dass seine Qualifikation zum Teil in der momentanen Nichtpassung besteht und welche Unterstützung er daher von der Führung erhält, um mit der Situation zurechtzukommen. Es besteht jedoch häufig die Tendenz, genau dies dem Bewerber nicht mitzuteilen und darauf zu hoffen, dass der neue Mitarbeiter „es schon richtet". Dies ist jedoch eine unberechtigte Hoffnung und sehr oft wundert sich dann solch ein neuer Mitarbeiter wo er da gelandet ist und verlässt die Organisationseinheit oder das Unternehmen schnell wieder.

Nachfolgend sollen einige Bereiche vorgestellt werden, die sich als sehr wichtig für die Beantwortung der Frage erwiesen haben, wie denn die konkreten Bedingungen einer Tätigkeit aussehen. Es geht also um die horizontale Dimension des Gesprächs, um Themenblöcke, die man sinnvollerweise im Vorstellungsgespräch behandelt, und insofern auch um eine Art Gesprächsleitfaden, jedoch nicht in der Form: „Die 100 besten Arbeitgeberfragen im Vorstellungsgespräch." Das Kernstück des Gesprächs besteht in der Gesprächstechnik, also eher in dem, was mit der Antwort des Bewerbers gemacht wird ist, als in der Frage selbst. Die vorgestellten Inhalte sollen einen Gesprächseinstieg erleichtern, die Hauptarbeit muss dann jedoch dadurch geleistet werden, dass man die Bewerberantworten auf ein möglichst konkretes Niveau der individuellen Bedeutung bringt.

Nachfolgend soll ein prototypischer Ablauf der Gesprächsphasen dargestellt werden.

Gesprächsplan

Begrüßung
Den Bewerber zum Sprechen bringen
Ablauf des Gespräches erklären
Die Vorstellungen des Bewerbers erfassen, Einstieg über:

- Faktoren der Arbeitszufriedenheit
- Stufen der Mitwirkung
- (Führungs-)Dilemmata
- Die „Kultur" einer Organisationseinheit
- Idealtypische Gruppenmodelle

Erfassung im Gespräch oder mit einer Bewerberpräsentation
Spezielle Anforderungen

9.1 Begrüßung und Gesprächsbeginn

In der Regel hatte der Bewerber schon im Vorfeld Kontakt zu dem Vertreter der Personalabteilung. Die offizielle Begrüßung erfolgt auch in der Personalabteilung. Der Interviewer sollte sich mit seinem Namen und seiner Funktion im Betrieb vorstellen.

Es ist ungeheuer wichtig, den Bewerber frühzeitig zum Sprechen zu bringen. Die Erfahrung zeigt, dass besonders in unbekannten Situationen und in Gruppensituationen folgender Effekt auftritt: Das Ausmaß, in dem sich Teilnehmer in den ersten Minuten äußern, korreliert sehr hoch mit dem Ausmaß, in dem sich Teilnehmer während des ganzen Gespräches äußern. Da es im Vorstellungsgespräch darauf ankommt, möglichst viel vom Bewerber zu erfahren, ist es unumgänglich, ihn frühzeitig zum Sprechen zu bringen. Gelegentlich wird die Meinung vertreten, dass die anfängliche Konversation dazu dienen soll, eine entspannte Atmosphäre zu schaffen und in das eigentliche Gespräch überzuleiten. Diese Funktionen hat die Konversation am Anfang natürlich auch, ich schätze sie aber deutlich geringer ein, als den Effekt, den Bewerber zum Sprechen zu bringen. Eine Konversation kann man auch führen, wenn man die jeweiligen Gesprächsanteile dabei gleich verteilt oder der Interviewer den größeren Anteil hat. In dieser Gesprächsphase kommt es jedoch sehr darauf an, den Redeanteil des Bewerbers möglichst groß zu halten. Der allgemeine Grundsatz, dass der Bewerber den Hauptanteil der Redezeit haben sollte, gilt in dieser Phase in besonderem Maße (siehe Abb. 9.2). Es gilt die Regel: Je später und je weniger der Bewerber in dieser Phase redet, desto schwieriger wird sehr wahrscheinlich das weitere Gespräch werden.

Diese Phase hat also nicht die Funktion, spezifische Informationen über den Bewerber zu erhalten. Unter dem Aspekt der Informationsgewinnung (Sachaspekt, vgl. Kap. 3) ist diese Phase absolut unnötig. Sie ist jedoch relevant für die Beziehungsebene, weshalb sie nur bei vordergründiger Betrachtungsweise anscheinend vergeudete Zeit darstellt. Von den Gesprächstechniken eignen sich die im Kap. 5 beschriebenen Techniken in dieser Gesprächsphase besonders.

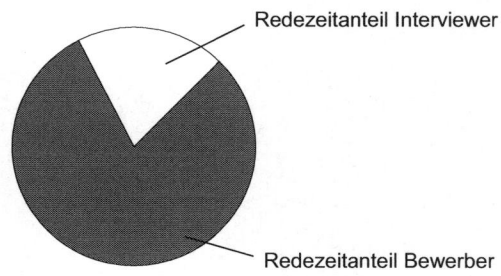

Abb. 9.2 Verteilung der Anteile an der Redezeit in der Konversationsphase

Über was man den Bewerber sprechen lässt, ist nahezu egal. Es bieten sich zum Beispiel folgende Themen an:

- Die Anreise (Straßenverhältnisse, Reisezeit, Brauchbarkeit der Anreiseskizze, …)
- Eventuelle Gemeinsamkeiten (Herkunft, Studienfach etc.)
- Zur Not auch das Wetter

9.2 Ablauf des Gespräches erklären

Nach der Phase der Konversation erfolgt sinnvollerweise eine Information an den Bewerber, wie sich der weitere Ablauf des Vorstellungsgespräches gestaltet. Dazu bietet sich ein grafisches Ablaufschema als Unterlage an, das man gemeinsam mit dem Bewerber durchgehen kann. Sollten im Verlauf des Gespräches noch weitere Unternehmensvertreter hinzukommen, so sollte hierauf auch verwiesen werden. Zentral dabei ist es, dass zuerst die Person des Bewerbers im Fokus steht und erst danach die zu besetzende Stelle.

1. Gesprächsteil:	2. Gesprächsteil:
Informationen über den Bewerber sammeln	Informationen zur Stelle geben

9.3 Das Kernstück: Die Vorstellungen des Bewerbers erfassen

Zur Erfassung der Vorstellungen des Bewerbers gibt es einige Modelle aus der Arbeits- und Organisationspsychologie, die sich sehr gut dazu eignen, einen strukturierten Gesprächseinstieg zu finden. Prinzipiell kann man natürlich auch im „Freistil" die Vorstellungen des Bewerbers erfragen, dies erfordert jedoch viel Erfahrung seitens des Interviewers. Folgende Modelle/Themenbereiche werden nachfolgend vorgestellt: Faktoren der Arbeitszufriedenheit, Stufen der Mitwirkung, Kultur einer Organisationseinheit, Führungsdilemmata und idealtypische Gruppenmodelle.

9.3.1 Faktoren der Arbeitszufriedenheit

Ein solches Modell besteht aus den Faktoren der Arbeitszufriedenheit. Wenn man darum Menschen bittet, ihre Zufriedenheit mit ihren derzeitigen Job mit einem Wert von Null (völlig unzufrieden) bis 100 (völlig zufrieden) zu bewerten, so ist in einem weiteren Schritt zu fragen, welche Faktoren sie bei der Beantwortung dieser summarischen Frage ins Kalkül ziehen. Dieser Frage hat sich insbesondere Oswald Neuberger gewidmet. Die Forschungsergebnisse dazu lassen sich sehr gut für das Thema Vorstellungsgespräche nutzen. Wenn man Menschen die obige Frage stellt, so ziehen sie zur Beantwortung dieser Frage folgende Faktoren in Betracht, die sie dann nach einer internen Formel zu einem

Gesamtwert der Arbeitszufriedenheit (natürlich eher „unbewusst") verrechnen Neuberger und Allerbeck (1978):
Arbeitsinhalt

1. Arbeitsbedingungen
2. Kollegenbeziehungen
3. Direkter Vorgesetzter
4. Organisation
5. Information und Mitsprache
6. Persönliche Entwicklung

Nachfolgend finden sich noch einige detaillierte Beschreibungen der Faktoren der Arbeitszufriedenheit:

9.3.1.1 Arbeitsinhalt

- Deckt sich der Arbeitsinhalt mit den Kenntnissen und Fähigkeiten?
- Deckt sich der Arbeitsinhalt mit den eigenen Wünschen?
- Welche Fähigkeiten und Kenntnisse kann man nicht anwenden?
- Welche Kenntnisse und Fähigkeiten muss man sich noch aneignen?
- Wie verhält sich administrative zu konzeptioneller Arbeit?

9.3.1.2 Arbeitsbedingungen

- Wie flexibel sind die Arbeitszeiten?
- Wie sind die Räumlichkeiten (Einzel- oder Großraumbüros)?
- Wie ist die technische Ausstattung?
- Wie ist die Arbeitsumgebung?

9.3.1.3 Kollegenbeziehungen

- Wird jemandem, der Schwierigkeiten mit der Arbeit hat, geholfen?
- Wies sehr ist beruflicher Egoismus ausgeprägt?
- Inwieweit besteht gegenseitiges Vertrauen?
- Wird das, was man sagt, gegen einen verwendet?
- Behält man seine Meinung besser für sich?
- Hält man besser den Mund, um sich vor Intrigen zu schützen?
- Werden Dinge, die schieflaufen, in Höflichkeiten versteckt?
- Werden Konflikte beschönigt und vertuscht, so dass nach oben und außen immer alles in Ordnung ist?

9.3.1.4 Direkter Vorgesetzter

- Wird gute Arbeit vom direkten Vorgesetzten anerkannt?
- Fördert der Vorgesetzte eigenverantwortliches Handeln?
- Ist die Stimmung in der Organisationseinheit stark von den Launen des direkten Vorgesetzten abhängig?
- Versucht der direkte Vorgesetzte, Fehler, die er gemacht hat, auf andere abzuwälzen?
- Kann man Dinge, mit denen man nicht zufrieden ist, ansprechen?
- Setzt sich der direkte Vorgesetzte beim nächsthöheren Vorgesetzten für die Anliegen seiner Mitarbeiter ein?
- Ist der nächsthöhere Vorgesetzte eher stark oder eher schwach?

9.3.1.5 Organisation

- Welche Rolle spielt der Dienstweg?
- Wie ausgeprägt ist die Bürokratie?
- Wie kommen Entscheidungen zustande?
- Herrscht eine eindeutige Aufgabenverteilung?
- Welche Rolle spielen Routinetätigkeiten und -abläufe?
- Wie klar sind die Schnittstellen definiert?

9.3.1.6 Information und Mitsprache

- Wie wird über wichtige Dinge informiert?
- Wird über wichtige Dinge rechtzeitig informiert?
- Wird man vor vollendete Tatsachen gestellt?
- Sind die Vorgesetzten bereit, Ideen und Vorschläge der Mitarbeiter zu berücksichtigen?

9.3.1.7 Persönliche Entwicklungsmöglichkeiten

- Gibt es potenziell genügend Entwicklungsmöglichkeiten innerhalb der Organisation?
- Wie wird man (durch den direkten Vorgesetzten) gefördert?
- Worin bestehen eventuelle Überforderungen?
- Welchen Stellenwert hat die Weiterbildung innerhalb der Organisation?
- Wie strukturiert wird in der Organisation Personalentwicklung betrieben?

Damit ist nicht gesagt, dass alle Aspekte der Arbeitssituation für jeden Menschen von gleicher Bedeutung sind. Es ist eher so, dass Menschen manche der Faktoren sehr hoch gewichten und manche eher niedrig. Für eine Person können zum Beispiel der Arbeitsinhalt und die Kollegenbeziehungen sehr wichtig sein. Wenn dies gegeben ist, kann sie auch jeden Chef ertragen. Eine andere Person findet eher die Beziehung zum Chef wichtig, für sie ist dagegen der Arbeitsinhalt eher weniger zentral. Es sind alle denkbaren

Kombinationen möglich. Aus der individuellen Gewichtung der einzelnen Faktoren der Arbeitszufriedenheit und der jeweiligen Ausprägung erhält man dann einen Gesamtwert der Arbeitszufriedenheit.

Wenn nun bekannt wäre, welche der Faktoren der Arbeitszufriedenheit für den Bewerber die relevanten sind, und darüber hinaus noch eine inhaltliche Beschreibung dieser Faktoren durch den Bewerber vorläge, so wäre es sehr leicht zu beurteilen, wie der Bewerber in eine gegebene Arbeitssituation passt und wie zufrieden er in dieser Arbeitssituation wäre. Man kann nun im Gespräch versuchen, die Vorstellungen des Bewerbers zu allen Faktoren zu erfragen. Das wäre sicherlich optimal, ist aber auch entsprechend zeitaufwändig. Existiert vorab ein Bild davon, welche Faktoren bei der zu besetzenden Stelle eher „kritisch" sind, so ist das Gespräch auf eben diese Faktoren fokussierbar. Die Auswahl kann auch prinzipiell der Bewerber übernehmen, indem er erklärt, welche Bedeutung für ihn die jeweiligen Faktoren haben. Dies kann geschehen, indem er die Faktoren ihrer Bedeutung für ihn folgend sortiert oder indem er zwei gleich große Gruppen bildet, die für ihn eher wichtigen und die für ihn eher unwichtigen Faktoren. Die praktische Umsetzung der Erfassung der Vorstellung des Bewerbers zu den Faktoren der Arbeitszufriedenheit besteht darin, dass man sich zu den einzelnen Faktoren offene Fragen überlegt und diese gemäß Kap. 7 differenziert nachfragt. Die (offene) Einstiegsfrage ist dabei jedoch nicht so sehr von Bedeutung, zentral ist ein differenziertes Nachfragen der Antwort des Bewerbers auf diese Einstiegsfrage.

Gehen wir davon aus, dass wir im Gespräch erfasst hätten, welche Faktoren der Arbeitszufriedenheit für den Bewerber eher wichtig und welche eher unwichtig sind, und gehen wir weiter davon aus, dass wir im Gespräch durch intensives Nachfragen ein ziemlich differenziertes Bild davon erhalten haben, wie die Vorstellungen des Bewerbers zu den jeweiligen Faktoren inhaltlich aussehen, so stellt sich noch ein weiteres Problem, um die Passung des Bewerbers beurteilen zu können. Nun ist es natürlich noch notwendig zu wissen, wie die Ausprägung der einzelnen Faktoren der Arbeitszufriedenheit vor Ort ist. Ist man dabei selbst in der Rolle des direkten Vorgesetzten des potenziellen Mitarbeiters, so hat man glücklicherweise noch einen sehr guten Eindruck von der Arbeitssituation vor Ort. Lediglich die Beurteilung des Faktors „Direkter Vorgesetzter" wird dann natürlich nicht immer rein objektiv sein können. Für die Mitarbeiter der Personalabteilung hingegen ist die Beurteilung der Situation vor Ort wesentlich schwieriger. Sofern diese Betriebsklimaanalysen zur Verfügung haben, können sie genaue Aussagen über die Situation in der jeweiligen Organisationseinheit machen, da sich alle diese Analysen explizit oder implizit auf die neubergerschen Faktoren der Arbeitszufriedenheit beziehen. In diesem Fall gibt es dann differenziertes Zahlenmaterial. Liegt dieses Material nicht vor, so bleibt nur der Weg einer Abschätzung der Faktoren „aus der Ferne", was natürlich mit Unsicherheiten behaftet ist. Auf jeden Fall sollten sich der Fachvorgesetzte und der Personaler im Vorfeld einer Stellenbesetzung ein möglichst differenziertes Bild der Arbeitssituation vor Ort machen, anderenfalls wird die Stellenbesetzung zum Glücksspiel. Zur Vorbereitung beziehungsweise zur Auswertung kann das Formblatt in Abb. 9.3 dienen.

9.3 Das Kernstück: Die Vorstellungen des Bewerbers erfassen

Faktor	Stelle		Bewerber		Konkrete Inhaltliche Vorstellungen des Bewerbers
	gut	kritisch	wichtig	unwichtig	
Arbeitsinhalt					
Arbeitsbedingungen					
Kollegenbeziehungen					
Direkter Vorgesetzter					
Organisation					
Information und Mitsprache					
Persönliche Entwicklungsmöglichkeiten					

Abb. 9.3 Faktoren der Arbeitszufriedenheit

9.3.2 Stufen der Mitwirkung

Eine zentrale Charakteristik zur Beschreibung einer Stelle ist das Ausmaß, in dem man tatsächlich Einfluss auf das Geschehen nehmen kann. Generell gibt es verschiedene Stufen der Einflussnahme in einer Organisation (siehe dazu auch Abb. 9.4):

Auf einer einfachen Stufe wird man lediglich informiert oder gibt Informationen weiter. Auf der nächsten Stufe wird die Resonanz abgefragt, man hat dann die Möglichkeit, der Hierarchie die Resonanz auf verschiedene Entwicklungen mitzuteilen, jedoch in Form einer Einwegkommunikation. Die nächste Stufe des Einflusses ist die Stufe der Beratung, auf ihr wird nicht nur die Reaktion, sondern auch die inhaltliche Meinung zu einem Thema abgefragt. Jedoch ist nach wie vor klar, dass der Beratende keinerlei Einfluss hat, der Beratene kann mit der Beratungsleistung machen was, er will. Erst auf der Abstimmungsebene besteht eine gewisse Mitsprachemöglichkeit, jedoch noch sehr vorsichtig formuliert. Auf der Ebene der Mit-Entscheidung kann wirklich Einfluss genommen werden, der jedoch mit anderen geteilt werden muss. Die Modalitäten dieser Zusammenarbeit mit anderen sind dabei natürlich zentral. Nur die Stufe der alleinigen Entscheidungsvollmacht garantiert eine vollständige Einflussnahme. Einfluss ist innerhalb einer Organisation ein sehr knappes Gut, daher ist die Konkurrenz darum sehr groß. Einfluss hat in der Regel sogar

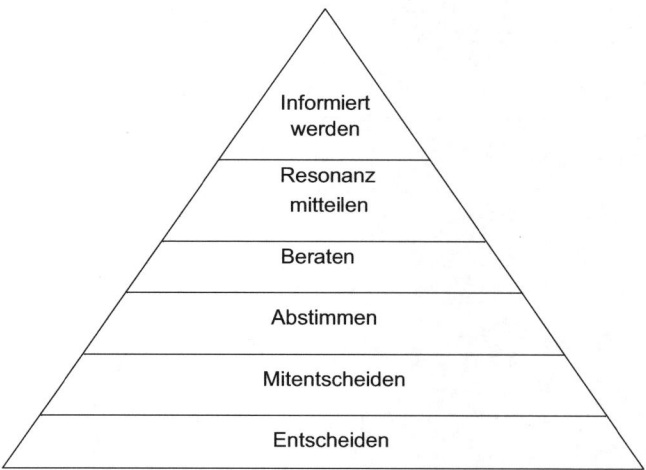

Abb. 9.4 Stufen der Mitwirkung innerhalb einer Organisation

noch einen höheren Stellenwert innerhalb einer Organisation als Geld, da Geld eher sozialisiert wird, Einfluss jedoch sehr stark personifiziert wird. Es kann nun innerhalb einer betrieblichen Funktion verschiedene Bereiche mit verschiedenen Einflussgraden geben, in der Regel hat man in verschiedenen Teilbereichen ganz unterschiedliche Grade der Beteiligung.

Im Vorstellungsgespräch kann man nun versuchen, die Vorstellungen des Bewerbers zu der für ihn idealen Mitwirkung in verschiedenen Bereichen der Tätigkeit zu erfassen. Dazu sollte man zunächst die Gesamttätigkeit in verschiedene Segmente aufteilen, danach sollte man sich ein Bild davon machen, wie die Stufen der Mitwirkung innerhalb der jeweiligen Tätigkeitsbereiche möglich beziehungsweise erforderlich sind. Im nächsten Schritt soll der Bewerber dann seine gewünschten Grade der Beteiligung in den verschiedenen Segmenten der Tätigkeit angeben. Beides übereinandergelegt ergibt dann ein relativ gutes Bild davon, ob die Vorstellungen des Bewerbers zu der jeweiligen Stelle passen. Natürlich ist es dabei wiederum wichtig, sich nicht mit der Angabe einer Stufe zufriedenzugeben, sondern diese Angabe wiederum differenziert zu hinterfragen.

9.3.3 (Führungs-)Dilemmata

Handelt es sich bei der zu besetzenden Stelle um eine Führungsposition, so bieten die Überlegungen von Neuberger (1990) zu den so genannten Führungsdilemmata einen guten Einstieg in eine Diskussion. Der Grundgedanke dabei ist derjenige, dass man in einer Führungsposition gewissen Dilemmata ausgesetzt ist, die prinzipiell unlösbar sind.

Ein paar eher triviale Beispiele zeigen diese Problematik auf:

- Kommt man morgens zu spät, ist man ein schlechtes Vorbild, kommt man zu früh, ist man ein Aufpasser.
- Bleibt man abends länger, mimt man den Überbeschäftigten, geht man pünktlich, so fehlt das Interesse an der Firma.
- Kümmert man sich um die Arbeit seiner Leute, ist man ein Schnüffler, tut man es nicht, so hat man von der Sache keine Ahnung.
- Ist man älter, so ist man verkalkt, ist man jünger, so fehlt es an der notwendigen Erfahrung.
- Hat man neue Ideen, ist man ein Fantast, bleibt alles beim Alten, so ist man rückständig.

Jede Organisation beziehungsweise jede Organisationseinheit hat jedoch eine für sie spezifische und „richtige" „Lösung" dieser Dilemmata entwickelt. Verschiedene Organisationen beziehungsweise Organisationseinheiten unterscheiden sich darin, wie diese „Lösung" aussieht. Sie sucht sich jeweils einen eher akzeptierten Pol des Dilemmas. Diese Dilemmata sind nachfolgend näher beschrieben.

9.3.3.1 Bewahrung – Veränderung
Um organisiertes Handeln in einer Organisation zu steuern, bedarf es einer gewissen Konstanz der Regeln, Werte, Einstellungen und Strukturen. Nur dadurch werden Berechenbarkeit, Abschätzbarkeit der näheren Zukunft, Verlässlichkeit und Transparenz erzeugt. Gleichzeitig wird von einer Führungskraft aber auch erwartet, dass sie verändert, Regeln und Strukturen anpasst, Verkrustungen aufbricht, all das auch eventuell gegen Widerstand. Verändert eine Führungskraft zu viel, so wird sie des blinden Aktionismus bezichtigt, die das Bestehende nicht zu schätzen weiß; verändert sie zu wenig, gilt sie als reformunfähig.

9.3.3.2 Gleichbehandlung – Eingehen auf den Einzelfall
Als Vorgesetzter hat man es mit völlig unterschiedlichen Menschen zu tun. Man muss deren Individualität respektieren und auf die Besonderheiten des Einzelfalles eingehen. Andererseits ist der „ganze Mensch" in der Organisation nicht gefragt. Die Organisation ist nur an einem Teil von ihm interessiert, nämlich dem Teil, der für die Erfüllung der jeweiligen Aufgabe erforderlich ist. Die Mitarbeiter wollen fair und gerecht behandelt werden, aber auch individuell im Hinblick auf ihre Stärken/Schwächen/Vorlieben/Abneigungen/Wünsche etc. Geht der Vorgesetzte zu sehr auf den Einzelfall ein, wird ihm schnell der Vorwurf der Parteilichkeit gemacht. Orientiert er sich dagegen sehr am Gleichbehandlungsgrundsatz, so wird ihm der Vorwurf des schematischen und unflexiblen Vorgehens gemacht.

9.3.3.3 Spezialisierung – Generalisierung
Es ist einerseits nicht notwendig, dass der Vorgesetzte alle Tätigkeiten seiner Mitarbeiter beherrscht. Je höher die Position in der Unternehmenshierarchie und je größer die Orga-

nisation, desto unmöglicher wäre dieser Anspruch auch. Andererseits soll der Vorgesetzte aber die Arbeit seiner Mitarbeiter steuern, planen, einschätzen und auch bewerten können sowie die Mitarbeiter beraten können, was natürlich ein möglichst großes Verständnis für deren Arbeit voraussetzt. Verliert sich der Vorgesetzte zu sehr in der Spezialisierung, ist er überfordert und wird von seinen Mitarbeitern als störend betrachtet („Das kann er dann gleich selber machen."). Hat er jedoch zu wenig Kenntnis von der Tätigkeit seiner Mitarbeiter, wird er nicht akzeptiert („Der hat ja keine Ahnung, wovon er redet und womit wir tagtäglich konfrontiert sind.")

9.3.3.4 Konkurrenz – Kooperation

In einer wettbewerbsorientierten und rivalisierenden Welt, in der es um knappe Güter geht, hat derjenige, der schneller, klüger und gerissener ist, also zu anderen in Konkurrenz geht, in der Regel Vorteile. Wettbewerb ist der Motor des Wachstums, Konflikte treiben die Entwicklung voran. Gleichzeitig sind Freundlichkeit, Genügsamkeit, Hilfsbereitschaft und Kooperation hilfreiche und wünschenswerte Werte. Tendiert ein Vorgesetzter eher in Richtung Konkurrenz, so wird er als streitsüchtig, unverträglich etc. wahrgenommen. Tendiert er dagegen eher in Richtung Kooperation, wird er leicht als „Weichei" wahrgenommen, das seine eigenen Interessen und die seiner Mitarbeiter nicht adäquat vertreten kann und diesen daher zum Beispiel im Interessenkonflikt mit anderen Organisationen handfeste Nachteile beschert.

9.3.3.5 Nähe – Distanz

Man hat es in der Organisation einerseits mit der eher rational-distanzierten Erfüllung von Aufgaben zu tun, andererseits aber auch mit Menschen. Für beide Rollen benötigt man unterschiedliches Verhalten. Häufig ist die Rolle des „Tüchtigen", des formellen Führers, und die Rolle des „Beliebten", des informellen Führers, gar nicht in einer Person vereinbar, sondern auf zwei Personen verteilt.

9.3.3.6 Fremdbestimmung – Selbstbestimmung

Vorgesetzte müssen Berechenbarkeit, Regelhaftigkeit und Ordnung herstellen, was zwangsweise zu einer Einschränkung der Freiräume der Mitarbeiter führt. Sie müssen aber auch gleichzeitig sicherstellen, dass Kreativität, Impulsivität, Einsatzfreude, Identifikation etc. der Mitarbeiter nicht blockiert werden.

9.3.3.7 Gesamtverantwortung – Einzelverantwortung

Im Prinzip ist jeder unterstellte Mitarbeiter selbst für seine Arbeit verantwortlich – soweit die Theorie. In der Praxis wird jeder Vorgesetzte für die Qualität der Arbeit seiner Mitarbeiter verantwortlich gemacht. Ist diese zu gering, wird man die Richtigkeit von Selektions- beziehungsweise Einsatzentscheidungen des Vorgesetzten bezweifeln. Deshalb befindet sich der Vorgesetzte in der Situation, dass er zwar nicht jedes Detail der Arbeiten in seinem Verantwortungsbereich verstehen, beurteilen, kontrollieren und bewerten kann, dass er jedoch (zumindest dann, wenn Probleme auftreten), für jedes Detail verantwortlich gemacht werden kann.

9.3.3.8 Aktivierung – Zurückhaltung

Der Vorgesetzte soll natürlich aktiv sein, „die Dinge in Bewegung halten", „Macher" sein. Gleichzeitig sollen sie es aber auch unterlassen, ihre Mitarbeiter zu bevormunden, sich zu sehr einzumischen, ihnen zu viel vorzuschreiben

9.3.3.9 Innenorientierung – Außenorientierung

Der Vorgesetzte hat im betrieblichen Kräftespiel einerseits die Interessen seiner Organisationseinheit zu vertreten, sonst fühlen sich seine Mitarbeiter im Gesamtspiel der betrieblichen Kräfte vom Vorgesetzten im Stich gelassen. Vertritt er diese Interessen jedoch zu vehement, so blockiert er auf der Makroebene eventuelle übergeordnete Entscheidungen, die für das Gesamtunternehmen wichtig sind. (z. B. bei den in praktisch jeder Organisation periodisch wiederkehrenden Einsparmaßnahmen).

9.3.3.10 Zielorientierung – Verfahrensorientierung

Im Idealfall würde es reichen, wenn der Vorgesetzte sein Führungsverhalten lediglich an der Erreichung der Ziele orientiert und den Weg der Zielerreichung seinen Mitarbeitern überlässt (Auftragstaktik). Dies setzt jedoch selbständige, kompetente und verlässliche Mitarbeiter voraus, die sich weitgehend selbst koordinieren. Das trifft jedoch weder auf alle Mitarbeiter zu, noch haben alle Vorgesetzten dieses Bild von den Mitarbeitern. Daher wird in der Praxis nicht nur das Ziel, sondern auch der Prozess der Zielerreichung kontrolliert. Diese Kontrolle ist zusätzlich auch noch ein beliebtes und effizientes Disziplinierungsmittel.

(Führungs-)Dilemmata

Bewahrung	❑	❑	❑	❑	❑	Veränderung
Gleichbehandlung	❑	❑	❑	❑	❑	Einzelfälle
Spezialisierung	❑	❑	❑	❑	❑	Generalisierung
Konkurrenz	❑	❑	❑	❑	❑	Kooperation
Nähe	❑	❑	❑	❑	❑	Distanz
Fremdbestimmung	❑	❑	❑	❑	❑	Selbstbestimmung
Gesamtverantwortung	❑	❑	❑	❑	❑	Einzelverantwortung
Aktivierung	❑	❑	❑	❑	❑	Zurückhaltung
Innenorientierung	❑	❑	❑	❑	❑	Außenorientierung
Zielorientierung	❑	❑	❑	❑	❑	Verfahrensorientierung

Im Vorstellungsgespräch kann man nun den Bewerber bitten, seine optimale „Lösung" der Dilemmata zu erklären. Dabei ist es wichtig, dass sich der Bewerber möglichst eindeutig positioniert. Das kann zum Beispiel dadurch erreicht werden, dass man den Bewerber auffordert, jeweils den Pol des Dilemmas zu benennen, den er zur „Lösung" präferiert, auch wenn es ihm schwerfällt. Diese Benennung dient dabei wiederum zunächst nur dem Gesprächseinstieg, die Aussagen des Bewerbers müssen daran anschießend intensiv nachgefragt werden. Wenn man ein möglichst präzises Bild von der „Lösung" der Dilemmata durch die Organisation und die „Lösung" der Dilemmata durch den Bewerber hat, kann man die Frage der Passung relativ gut beantworten und auch bis zu einem gewissen Grad vorhersehen, wo es zu Problemen kommen kann.

9.3.4 Die „Kultur" einer Organisation

Der Begriff der „Kultur" wurde erst in den 1980er-Jahren auf Unternehmen beziehungsweise Organisationen übertragen. Bis zu diesem Zeitpunkt bezeichnete der Begriff „Kultur" nur die „großen" Kulturen, also zum Beispiel westliche beziehungsweise östliche Hochkulturen. Im Bereich von Organisationen hat man es daher eher mit „Mikrokulturen" zu tun. Der Einfachheit halber soll jedoch im folgenden Abschnitt der Begriff „Kultur" universell verwendet werden.

Um sich ein Bild von der Kultur einer Organisation beziehungsweise einer Organisationseinheit zu machen, kann es sinnvoll sein, sich an der Forschung zum Bereich der „großen" Kulturen zu orientieren. In den 1970er-Jahren hat sich Geert Hofstede bemüht, Kulturdimensionen empirisch greifbar zu machen. Er bediente sich dabei der statistischen Methode der Faktorenanalyse. Als Ausgangsmaterial dienten ihm Fragebogendaten von 88.000 Mitarbeitern des Unternehmens IBM aus 72 Ländern, die von 1967 bis 1973 befragt wurden. In der Folge der Forschung Hofstedes wurden ähnliche Untersuchungen immer wieder durchgeführt und Hofstedes Ergebnisse im Wesentlichen repliziert. Wenn sich auch die Positionierung einzelner Kulturen geändert haben mag, so sind die relevanten Dimensionen immer noch identisch. Man kann also davon ausgehen, dass sich Kulturen in den Dimensionen, die Hofstede (2001) identifiziert hat, unterscheiden. Diese Differenzen in den „großen" Kulturen können sich auch in den Mikrokulturen einer Organisation widerspiegeln. Nachfolgend sollen daher die Forschungsergebnisse von Hofstede für den Bereich beruflicher Entscheidungen nutzbar gemacht werden.

9.3.4.1 Machtdistanz
Die Dimension Machtdistanz bezieht sich auf das Ausmaß, in dem eine ungleiche Machtverteilung innerhalb einer Organisation gegeben ist, die *aus Sicht der weniger mächtigen* Mitglieder erwartet und akzeptiert wird.

- Hohe Machtdistanz:
  - Autoritätspersonen erwarten ein hohes Maß an Respekt und Gehorsam von ihren Mitarbeitern.
  - Selbständigkeit im Denken und Handeln der Organisationsmitglieder ist weniger erwünscht beziehungsweise wird weniger gefördert.

- Meinungen und Ansichten von Autoritätspersonen sind eher ungefragt zu übernehmen.
- Von Vorgesetzten wird erwartet, dass sie sowohl autoritär als auch wohlwollend und fürsorglich sind.
- Mitarbeiter werden weniger an Entscheidungen beteiligt.
- Den Mitarbeitern wird weniger Verantwortung übertragen.
- Hierarchie bedeutet existenzielle Ungleichheit.
• Geringe Machtdistanz:
  - Selbständigkeit und Unabhängigkeit im Denken und Handeln werden gefördert.
  - Das Verhältnis von Vorgesetzten und Mitarbeitern ist eher durch gleichberechtigten und kontroversen Austausch von Meinungen und Ansichten geprägt als von uneingeschränktem Gehorsam und Respekt.
  - Es besteht ein relativ unabhängiges Verhältnis zwischen über- und untergeordneten Personen.
  - Die Mitarbeiter erwarten, dass sie bei Entscheidungen, die ihre Arbeit beeinflussen, einbezogen werden.
  - Hierarchie bedeutet Verschiedenheit von Rollen, die aus praktischen Gründen verteilt sein sollen.

9.3.4.2 Individualismus

Die Wertedimension Individualismus versus Kollektivismus beschreibt die Beziehung zwischen dem Individuum und dem Kollektiv.

• Geringer Individualismus:
  - Belohnungen werden eher an die gesamte Arbeitsgruppe als an Individuen vergeben.
  - Ein indirekter Kommunikationsstil (auch bei Feedbackgesprächen) wird praktiziert.
  - Das Harmonieprinzip ist sehr wichtig.
  - Aufgabenorientierte und beziehungsorientierte Führung sind schwer trennbar.
  - Die Interessen der Gruppe werden über die Interessen des Einzelnen gestellt.
  - Mitarbeitern mit schlechter Leistung wird sehr spät oder gar nicht gekündigt.
  - Die Wertemaßstäbe gelten kollektiv.
  - Die Beziehung zwischen Arbeitgeber und Arbeitnehmern folgt eher einem moralischen Modell.
  - Beziehung geht vor Aufgabe.
• Hoher Individualismus:
  - Das Management von Individuen steht im Vordergrund.
  - Belohnungen sind an individuelle Leistungen gebunden.
  - Regelmäßige Feedbackgespräche sind obligatorisch.
  - Es wird erwartet, dass auch negative Kritik geäußert wird.
  - Aufgabenorientierte und beziehungsorientierte Führung sind relativ getrennt.
  - Die Beziehung zwischen Vorgesetztem und Mitarbeiter wird eher als eine geschäftliche Transaktion aufgefasst (kalkulatorisches Modell).

- Die Wertemaßstäbe unterscheiden sich stark: Partikularismus.
- Aufgabe geht vor Beziehung.

9.3.4.3 Unsicherheitsvermeidung

Es ist eine unveränderbare Tatsache, dass die Zukunft Unsicherheit birgt. Kulturen unterscheiden sich darin, wie diese Unsicherheit bewertet wird und wie versucht wird, ihr zu begegnen. Kulturen unterscheiden sich in der Bewertung von Überzeugungen und Institutionen, die Sicherheit gewährleisten sollen (durch Technologien, Gesetze, Regeln etc.)

- Geringe Unsicherheitsvermeidung:
  - Es existieren nur vage Zielvorgaben.
  - Es gibt wenige beziehungsweise wenig präzise Zeitpläne.
  - Grundsätzlich werden mehrere Antworten als korrekt angesehen.
  - Strategische Entscheidungen ohne Detailplanung werden bevorzugt.
  - Geringere Loyalität zwischen Mitarbeitern und Führungskräften ist akzeptiert.
  - Unsicherheit wird eher als eine Bereicherung, weniger als eine Bedrohung wahrgenommen.
  - Vorgesetzte dürfen ihr Nichtwissen/ihre Unsicherheit zeigen.
  - Regeln (geschriebene und ungeschriebene) sind nicht willkommen.
  - Geringe Formalisierung und Standardisierung.
  - Aggression zu zeigen, ist eher nicht akzeptiert.
- Hohe Unsicherheitsvermeidung:
  - Strukturierte Situationen werden bevorzugt.
  - Es werden präzise Zielformulierungen gegeben.
  - Korrekte Antworten werden geschätzt.
  - Bei der Bearbeitung von Problemstellungen wird hauptsächlich Genauigkeit geschätzt.
  - Entscheidungen basieren häufig auf rationalen Vorhersagen und auf Expertenwissen.
  - Auf eine große Loyalität der Mitarbeiter (z. B. in Form langer Beschäftigungsverhältnisse) wird viel Wert gelegt.
  - Führungskräfte legen viel Wert auf Details.
  - Vorgesetzte zeigen ihr Nichtwissen/ihre Unsicherheit eher nicht.
  - Regeln (aufgeschriebene und ungeschriebene) sind willkommen.
  - Starke Formalisierung und Standardisierung.
  - Aggression zu zeigen, ist eher akzeptiert.

9.3.4.4 Maskulinität

Die Dimension Maskulinität versus Femininität bezieht sich bei Hofstede ursprünglich auf die Differenzierung sozialer Geschlechterrollen in einer Gesellschaft. Sie lässt sich jedoch auch auf eine Organisation übertragen.

- Geringe Maskulinität:
  - Konflikte werden eher durch Kompromiss und Verhandlung gelöst.
  - Auch arbeitsunabhängige Lebensbereiche haben ihren Stellenwert.
  - Gleichheit, Solidarität und Qualität des Arbeitslebens werden betont.
  - Führungskräfte stehen weniger über ihren Mitarbeiter, sondern werden eher als gleichrangig betrachtet.
  - Selbstbehauptung wird belächelt.
  - Betonung der Lebensqualität.
- Hohe Maskulinität:
  - Konflikte werden eher durch Austragung gelöst. (Motto: Der Bessere steht im Mittelpunkt.)
  - Die Arbeit an sich ist zentral.
  - Gerechtigkeit, Wettbewerb und Leistung werden betont.
  - Entschlussfreudige Führungskräfte werden geschätzt.
  - Führungskräfte stehen eindeutig über ihren Mitarbeitern.
  - Selbstbehauptung wird geschätzt.
  - Betonung der Karriere.

Anwendung des Modells im Gespräch

Man kann im Gespräch dem Bewerber die Kulturdimensionen erläutern oder ihm die Beschreibung der Dimensionen schriftlich zur Vorbereitung geben und ihn dann bitten, seine bevorzugte Kultur auf den jeweiligen Achsenkreuzen (siehe Abb. 9.5) zu positionieren und die Positionierung zu erläutern. Diese Erläuterungen müssen möglichst differenziert nachgefragt werden. Aus den Erläuterungen des Bewerbers und der Kenntnis der konkreten „Kultur" der entsprechenden Organisationseinheit, in der die Stelle zu besetzen ist, kann man dann wiederum sehr gut auf die Passung schließen.

Bei der Erfassung der Dimensionen im Gespräch muss man sich darüber im Klaren sein, dass die Darstellung der Dimensionen bewussten oder auch unbewussten Verzerrungen unterliegt. So besteht zum Beispiel ein gesellschaftlicher Trend, der schon fast einem Zwang gleichkommt, die Machtdistanz zu negieren. Die Außendarstellung ist heute eher liberal. Genauso verhält es sich mit der Dimension Maskulinität. Man wird heute eher bestrebt sein, die eigene Organisation in der Maskulinität als eher geringer ausgeprägt darzustellen. Genauso wird die Unsicherheitsvermeidung als eher geringer dargestellt werden, als sie es tatsächlich ist. Souveräner Umgang mit Unsicherheit ist eine wünschenswerte Eigenschaft, zu große Absicherung dagegen eher unerwünscht und ein Zeichen von Bürokratie. Nur auf der Dimension Individualismus gibt es keinen eindeutig sozial anerkannten Pol. Daher ist das Gespräch besonders kritisch zu führen, wenn versucht wird, diese Dimensionen zu erfassen. Es besteht dabei vor allem die Gefahr, mit sozial erwünschten Bewertungen oder gar offiziellen Verlautbarungen, die eher der Selbstdarstellung als der Beschreibung dienen, abgespeist zu werden. Hierbei kommt es dann besonders darauf an, intensiv nachzufragen.

Abb. 9.5 Kulturelle Dimensionen

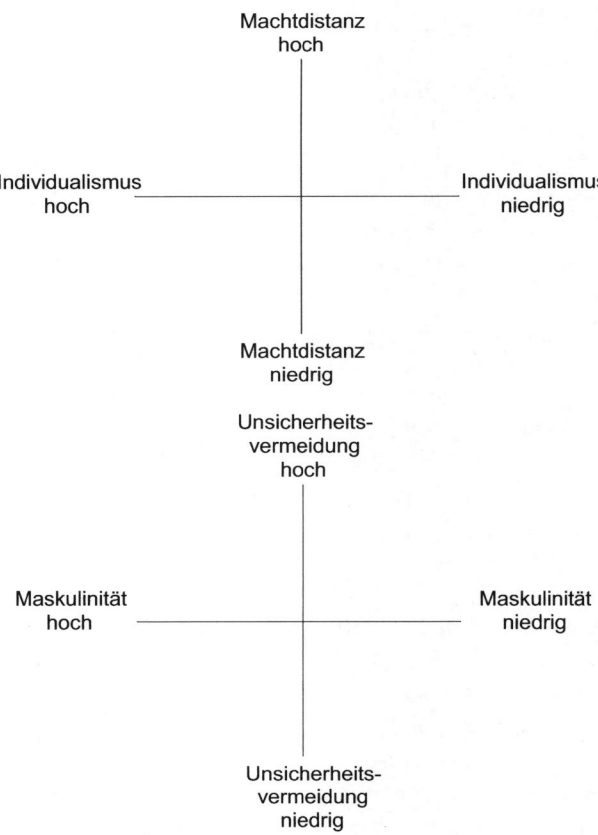

9.3.5 Idealtypische Gruppenmodelle

Wichtig für die Beantwortung der Frage, ob ein Bewerber zur ausgeschriebenen Stelle passt, ist der Abgleich der Vorstellungen des Bewerbers zu der Art der Gruppe, in der er tätig sein wird. Nachfolgend wird ein Modell der Typisierung von Gruppen vorgestellt.

Nach Stahl (2006) gibt es vier idealtypische Modelle (siehe Abb. 9.6), mit denen man die verschiedenen Arten von Gruppen beschreiben kann, die im Arbeitsleben relevant sind. Natürlich sind diese Idealtypen eher Stilisierungen, manchmal auch eher Überzeichnungen. Sie verdeutlichen jedoch zentrale Vorstellungen über das ideale Funktionieren einer Gruppe. Die vier Idealtypen sind: das Modell „Truppe", das Modell „Gemeinschaft", das Modell „Haufen" und das Modell „New Economy", welche nachfolgend näher beschrieben werden. Diese Idealtypen kann man nach den Kriterien „Dauer" und „Nähe" in einem Kreuz, dem so genannten „Riemann-Tomann-Kreuz", anordnen.

9.3 Das Kernstück: Die Vorstellungen des Bewerbers erfassen

Abb. 9.6 Idealtypische Gruppenmodelle

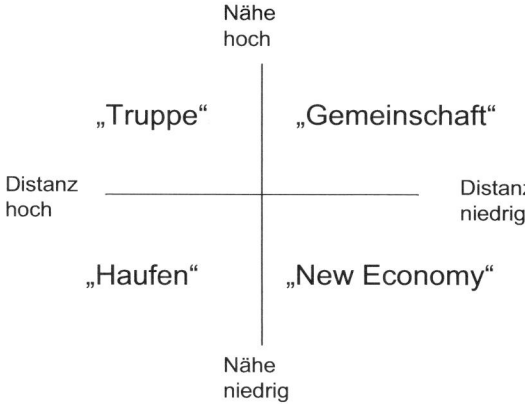

Das Modell „Truppe"
Dieses Idealbild kennzeichnet Gruppen, die von hoher zeitlicher Dauer und eher großer Distanz zwischen den Gruppenmitgliedern geprägt sind.

- Beschreibung:
  Diese Gruppen bevorzugen eine klare Hierarchie innerhalb der Gruppe und pflegen einen sachlich-förmlichen, korrekten Umgangsstil. Das Funktionieren im Sinne der Aufgabenerfüllung ist im Zweifelsfalle wichtiger als zwischenmenschliche „Sentimentalitäten", emotionale Töne sind eher verpönt. Leistung ist wichtig, um in der Gruppe anerkannt zu werden. Es herrscht Sicherheit in den Abläufen. Zwischenmenschliche Freiheit, willkürliches und unkonventionelles Handeln sind eher nicht gerne gesehen. Gefühle, Gedanken und Empfindungen werden als Privatsache behandelt.
- Übersteigerung:
  In der Übersteigerung treten dann folgende Nachteile auf: zwischenmenschliche Kälte, Bürokratismus, Intoleranz gegenüber Neuerungen, Gnadenlosigkeit.
- Klischee:
  Als holzschnittartiges Klischee für dieses Modell der Gruppe kann das Militär, eine Bank oder eine Bürokratie dienen.

Das Modell „Gemeinschaft"
Dieses Modell ist gekennzeichnet durch hohe Dauer und große Nähe.

- Beschreibung:
  Gruppen mit dieser Leitidee schätzen ein starkes Zusammengehörigkeitsgefühl, Zuverlässigkeit, Solidarität und Berechenbarkeit. Wichtig sind emotionale Nähe und wechselseitiges Umsorgen. Die Zugehörigkeit muss nicht durch irgendeine Leistung verdient werden, persönliche Beziehungen sind wichtiger als Hierarchie und Rollenbe-

wusstsein. Individualistisches und exzentrisches Verhalten werden oft als Bedrohung empfunden. Sicherheit geht im Zweifelsfall auf Kosten von Freiheit.
- Übersteigerung:

  In der Übersteigerung treten die Nachteile dieser Gruppenidee zutage:
  – Harmoniediktat,
  – Unterdrückung von Konflikten,
  – Bekämpfung von Unterschiedlichkeiten,
  – Rigidität.
- Klischee:

  Diesem Modell entspricht am ehesten das Klischee eines Vereins oder einer Wohngemeinschaft.

Das Modell „New Economy"

Große Nähe bei gleichzeitig häufigem Wechsel, also geringe Dauer, kennzeichnen dieses Idealmodell einer Gruppe.

- Beschreibung:

  In diesem Gruppenmodell wird der lockere, lebendige Umgang miteinander gepflegt. „Einzelkämpfer" und „Betonköpfe" sind weniger geduldet, im Mittelpunkt steht die Mannschaft, Kreativität und Flexibilität sich sehr wichtig. Man stürzt sich mit Haut und Haaren in die jeweilige Aufgabe, Privates und Berufliches können sich dabei gerne vermischen. Auch wenn das Ziel einmal nicht ganz erreicht ist, Hauptsache es hat Spaß gemacht, das Schlagwort heißt „have fun". Verlässlichkeit, Prinzipientreue und Pflichtbewusstsein sind eher verpönt, ebenso wie Abgegrenztheit, Rollenbewusstsein oder Profilierungsstreben.
- Übersteigerung:

  In der Übersteigerung führt dieses Modell zu Beliebigkeit, hektischem Stillstand, Überschwang und Gleichmacherei.
- Klischee:

  Überzeichnetes Klischee für diese Art, eine Gruppe zu sehen, ist eine Football-Mannschaft oder eine Werbeagentur.

Das Modell „Haufen"

Diese idealtypische Vorstellung einer Gruppe gründet sich auf große Distanz und geringe Dauer.

- Beschreibung:

  Die Gruppe wird verstanden als eine Interessengemeinschaft auf Zeit im Hinblick auf ein klar definiertes Ziel. In ihr wird ein distanzierter und verbindlicher Umgang gepflegt, die Mitglieder beanspruchen große Freiheiten und individuelle Spielräume. Regeln dienen weniger der Kooperation als der Abgrenzung von Territorien. Die Sachorientierung steht im Vordergrund, Veränderungsdruck wird als Herausforderung empfunden. Gruppendynamische Spielchen sind verpönt, Solidaritätsappelle verhallen oft.

Ist das Ziel erreicht, löst sich die Gruppe auf. Langfristiges Planen, hierarchisches Denken und Bürokratie werden kopfschüttelnd zur Kenntnis genommen.
- Übersteigerung:
In der Übersteigerung dieses Modells kann Eigensinn zur Egozentrik geraten, Freiheitsdenken in Beziehungslosigkeit enden, mögliche Synergien werden dann nicht genutzt.
- Klischee:
Die Gruppe ist eine Ansammlung von Einzelkämpfern.

Welches der Modelle ist nun das „richtige"?
Keines der Modelle ist a priori richtig. Ob das jeweilige Modell „richtig" ist, entscheidet sich nach zwei Kriterien. Das erste Kriterium ist die Frage, ob alle Gruppenmitglieder die Auffassung der Idealgruppe teilen oder ob es innerhalb der Gruppe große Differenzen zu dieser Frage gibt. Die zweite Frage ist die, ob die von der Gruppe favorisierte Art der Idealvorstellung vom Funktionieren der Gruppe zu der jeweiligen Aufgabe der Gruppe passt. Für verschiedene Aufgaben sind verschiedene Gruppenmodelle sinnvoll.

Zum Beispiel kann es bei emotional eher schwierigen Aufgaben (z. B. im Krankenhaus) sinnvoll sein, das Modell „Gemeinschaft" zu haben, in einer Behörde dagegen vielleicht das Modell „Truppe". Sofern das in der Gruppe vorherrschende Modell der Idealgruppe zur jeweiligen Aufgabe passt und die Gruppe diese Auffassung teilt, passt der Bewerber dann in diese Gruppe, wenn er auch diese Idealvorstellung vom Funktionieren einer Gruppe hat. Zur Vorbereitung einer Stellenbesetzung sollte man versuchen, sich ein möglichst genaues Bild von der Arbeitsgruppe zu machen, in die die zu besetzende Stelle eingebettet ist. Man sollte sich fragen wie das vorherrschende Idealbild der Gruppenmitglieder aussieht, und man sollte sich fragen, ob dieses Idealbild der Gruppenmitglieder zu der zu erfüllenden Aufgabe passt.

Passt das Idealbild zur jeweiligen Aufgabe, dann ist derjenige Bewerber passend, der die gleichen Idealvorstellungen hat. Passt die Idealvorstellung der Gruppenmitglieder jedoch nicht zu der zu erfüllenden Aufgabe der Gruppe, so kann man sich fragen: „Was wäre das zur Aufgabe passende Idealbild?" Dann wäre derjenige Bewerber der ideale Kandidat, der eben diese (abweichende) Vorstellung hat. Man befindet sich in dem Fall jedoch in einer paradoxen Selektionssituation mit all ihren Problemen.

In diesem Zusammenhang ist es sinnvoll, darauf hinzuweisen, dass es die „Teamfähigkeit" als Eigenschaft natürlich nicht gibt. Verschiedene Menschen können in verschiedenen Arten von Gruppen verschieden gut arbeiten, und die Arbeitswelt fordert verschieden geartete Gruppen. Der Begriff „Teamfähigkeit" gehört in das Reich der inhaltsleeren Allerweltsworte, die sehr gut dazu geeignet sind, die Illusion von Übereinstimmung zu erzeugen, jedoch keinerlei Bedeutung beinhalten.

Abschließend sei noch einmal darauf hingewiesen, dass die beschriebenen Modelle einen effizienten Gesprächseinstieg ermöglichen, da sie in hohem Maße empirisch und theoretisch elaboriert sind. Sie dienen jedoch nur dem Gesprächs*einstieg* und sollen den Bewerber dazu bringen, verbales Material zu produzieren, das dann aber notwendigerweise intensiv nachgefragt werden muss, damit sich die individuelle Bedeutung der Begriffe für den Bewerber erschließen. Ohne diesen Schritt sind die Modelle weniger wertvoll.

Bei allen vorgestellten Modellen ist es wichtig, dass es keine „richtigen" Meinungen des Bewerbers gibt. Jede Positionierung ist gleich valent und daher potenziell gleich richtig oder gleich falsch. Es kommt nur darauf an, was für den Bewerber richtig ist. Daher sei an dieser Stelle auch noch einmal darauf hingewiesen, dass es zwingend notwendig ist, im Gespräch zuerst die Vorstellungen des Bewerbers zu thematisieren und dem Bewerber erst danach detaillierte Informationen zur Stelle zu geben, da man ihm sonst Hinweise darauf geben könnte, wie sich die jeweilige Situation in der Organisationseinheit darstellt. Zudem geben die vorgestellten Modelle eine Struktur vor, um sich im Vorfeld einer Stellenbesetzung mit den Eigenarten und den Anforderungen einer Stelle auseinanderzusetzen.

9.4 Spezielle Anforderungen

Nach den bisher besprochenen allgemeingültigen Themengebieten, die für fast alle Vorstellungsgespräche als geeignet gelten können, sollten nun die Fragen zu den speziellen Anforderungen der Stelle gestellt werden. In diesem Abschnitt wird ein Verfahren vorgestellt, mit dessen Hilfe man sich über die speziellen Anforderungen der jeweiligen Stelle klarer werden kann.

9.4.1 Charakteristische Situationen sammeln

Fragen Sie sich, welche Ereignisse der zu besetzenden Stelle im letzten Jahr zentral waren, welche besonderen Probleme dort zu lösen waren, mit welchen besonders kniffligen Situationen der Stelleninhaber im letzten Jahr konfrontiert war. Dies geht natürlich nur, wenn es sich um die Wiederbesetzung einer Stelle handelt. Wird eine neue Stelle geschaffen, so kann man sich fragen, welche besonderen Probleme und welche besonders schwierigen Situationen wohl auftreten werden, oder man kann die Gegebenheiten einer ähnlichen vorhandenen Stelle analysieren. Bei dieser Sammlung von charakteristischen Situationen ist darauf zu achten, dass sie möglichst detailliert beschrieben werden. Die Sammlung von Situationen sollte keine fachlich-technischen Probleme beinhalten, sondern Probleme in der Zusammenarbeit, der Organisation etc.

9.4.2 Verhalten in charakteristischen Situationen

Notieren Sie zu jeder der oben beschriebenen Situationen, wie sich ein erfolgreicher und ein weniger erfolgreicher Stelleninhaber in der jeweiligen Situation verhalten. Wenn es sich um eine Wiederbesetzung handelt, können Sie sich das Verhalten des Stelleninhabers in Erinnerung rufen und dieses bewerten. Wenn es sich um eine neu zu besetzende Stelle handelt, sind verschiedene prinzipiell mögliche Handlungsmöglichkeiten möglich und diese bewerten. Als Alternative kann man auch Stelleninhaber oder Vorgesetzte bitten, einige Tage lang relevante Situationen aus dem Tagesgeschäft zu protokollieren und daraus die typischen Situationen abzuleiten.

9.4.3 Quellen der Frustration

Fragen Sie sich als Nächstes, welche „Quellen der Frustration" die zu besetzende Stelle beinhaltet. Solche Frustrationsquellen gibt es bei jeder Stelle. Im Vorstellungsgespräch ist das Unternehmen natürlich daran interessiert, das Positive der Stelle gegenüber dem Bewerber darzustellen, die negativen Punkte kommen dagegen (ähnlich wie bei der Selbstdarstellung des Bewerbers) häufig zu kurz, obwohl gerade hier zentrale Charakteristiken der Tätigkeit erkennbar sind. Meines Erachtens ist es sehr wichtig, zu wissen, wie der Bewerber mit den Nachteilen, Schwierigkeiten und den Frustrationen der Stelle umgeht. Dass sich der Bewerber mit den positiven Aspekten der Tätigkeit wohlfühlt, ist trivial. Bei der Erhebung dieser (frustrierenden) Anforderungen hat der Personalbereich in der Regel die Schwierigkeit, dass die Fachabteilungen auch gegenüber dem Personalbereich bestrebt sind, die Vorteile der Stelle und des Arbeitsklimas zu betonen. Aus meiner Erfahrung erhält man diesbezüglich sehr brauchbare Informationen, wenn die bisherigen Stelleninhaber interviewt werden. Sie kennen natürlich die betreffende Stelle am besten und tendieren kaum dazu, die Stelle in einem besonders positiven oder negativen Licht erscheinen zu lassen, da sie zu diesem Zeitpunkt in der Regel bereits eine andere interne oder externe Stelle innehaben. Der Nachteil besteht darin, dass der Bewerber natürlich nicht die eventuell beabsichtigten Veränderungen bei der Neubesetzung der Stelle kennt.

9.4.4 Umsetzung im Gespräch

- Charakteristische Situationen:
  Im Gespräch kann man dem Bewerber die entsprechenden charakteristischen Situationen der Stelle schildern und ihn bitten, möglichst genau zu beschreiben, wie er sich in diesen jeweiligen Situationen verhalten würde. Man erkennt dabei, ob der Bewerber überhaupt mit solchen Situationen vertraut ist, oder ob sie ihm völlig neu sind und man kann dann das beabsichtigte Verhalten mit den vorher bewerteten Verhaltensweisen, die ein guter beziehungsweise ein schlechter Stelleninhaber aufweisen würde, vergleichen. Bei den Fragen ist zu beachten:
    – Sie müssen so formuliert sein, dass sie prinzipiell von jedem Bewerber auch ohne spezifische Fach- und Branchenkenntnisse zu beantworten sind.
    – Sie dürfen keinen Hinweis auf die gewünschte Antwort enthalten.
    – Der Abschluss der Frage lautet: „Was würden Sie tun?"

- Quellen der Frustration:
  Um diesen Bereich zu explorieren, empfiehlt es sich, zunächst allgemein nach Situationen zu fragen, in denen der Bewerber sich unter Stress fühlt, nervös wird, sich in die Enge getrieben fühlt. Danach kann man fragen, welche Erfahrungen er mit den verschiedenen Belastungen hat, die sich in der Analyse als Quellen der Frustration für die zu besetzende Stelle erwiesen haben. Dabei ist natürlich besonders wichtig, dass genau nachgefragt wird.
  Bereiche, in denen spezielle Anforderungen liegen können:
  – Auftreten
  – Einfühlungsvermögen
  – Taktisch geschicktes Vorgehen
  – Absicherung von Entscheidungen
  – Administration und Organisation
  – Eigeninitiative
  – Belastbarkeit
  – Ausdauer, Hartnäckigkeit
  – Verkaufsgeschick, Überzeugung
  – Flexibilität, Umstellungsfähigkeit
  – Lernbereitschaft
  – Problemanalyse
  – etc.

9.5 Informationen zur Stelle

Erst wenn die vorhergehenden Themengebiete behandelt wurden, ist es an der Zeit, dem Bewerber detaillierte Informationen zur zu besetzenden Stelle zu geben. Die Information sollte dabei so umfassend sein, dass sich der Bewerber ein konkretes und plastisches Bild von der Tätigkeit machen kann. Nachdem sich in der ersten Phase des Gespräches das Unternehmen ein Bild von dem Bewerber gemacht hat, ist es nun an dem Bewerber, den Spieß umzudrehen und Fragen zu der Tätigkeit, den Arbeitsbedingungen und den Vertragskonditionen zu stellen.

Aus purem Eigeninteresse sollten die Unternehmensvertreter dabei möglichst ehrlich sein und auch die schwierigen Bedingungen und die Quellen der Frustration, die diese Stelle beinhaltet, offen zur Sprache bringen. In der Regel wird der Bewerber, insbesondere wenn es sich um einen Berufsanfänger handelt, nur wenige „kritische" Fragen an das Unternehmen stellen, da er eventuell gar nicht weiß, wo die Probleme in der Berufspraxis liegen können. Wenn sich nun das Unternehmen diesen Umstand zunutze macht und gleichzeitig versucht, die zu besetzende Stelle in einem übermäßig guten Licht darzustellen, so kann man damit sicherlich kurzfristig qualifizierte Bewerber akquirieren, seitens des Bewerbers wird sich jedoch wahrscheinlich schnell Enttäuschung breitmachen, wenn er die tatsächlichen Arbeitsbedingungen und Arbeitsinhalte erkennt. Daher halte ich es

9.5 Informationen zur Stelle

in dieser Phase für zwingend notwendig, dem Bewerber auch die Knackpunkte und die Schwierigkeiten darzulegen, mit denen er bei dieser Stelle zu rechnen hat. Wichtig dabei ist aber, dass diese Information erst erfolgt, wenn man genügend Informationen über den Bewerber gesammelt hat. Aus meiner Sicht ist folgende Abfolge zwingend notwendig:

1. Gesprächsteil:	2. Gesprächsteil:
Informationen über den Bewerber sammeln	Informationen zur Stelle geben

Informationen über das Unternehmen, die für den Bewerber interessant sind

- Zum Unternehmen:
  - Mitarbeiterzahl
  - Standorte
  - Umsatz
  - Investitionen
  - Ertragslage
  - Organisationsform
  - etc.
- Zu den Produkten:
  - Produktpalette
  - Marktanteile
  - Hauptkunden
  - Hauptanwendungen
  - Neue Entwicklungen
- Zur zu besetzenden Stelle:
  - Hauptaufgaben
  - Fachliche Anforderungen
  - Persönliche Anforderungen
  - Faktoren für den Stellenerfolg
  - Besonders motivierende Aspekte
  - Schwierigkeiten, Quellen der Frustration
  - Organisatorische Einbindung
  - Zusammenarbeit innerhalb der Organisationseinheit
  - Zusammenarbeit mit anderen internen Organisationseinheiten
  - Zusammenarbeit mit externen Stellen
  - Befugnisse, Kompetenzen
  - Vorgesetzte, Kollegen, Mitarbeiter
  - Einarbeitungsmodalitäten
  - Vertragsmodalitäten

9.6 Dem Bewerber Gelegenheit zum Fragen geben

Nachdem der Bewerber vom Unternehmen Informationen erhalten hat, sollte zum Schluss des Gespräches dem Bewerber Gelegenheit dazu gegeben werden, Fragen zu den aus seiner Sicht noch offenen Punkten zu stellen.

Es kommt darauf an, dass der Bewerber nun seinerseits möglichst präzise Fragen zur Stelle stellen kann. Es ist sinnvoll, den Bewerber an dieser Stelle zu ermuntern, genauso intensiv nachzufragen, wie man es in der ersten Phase des Gespräches bei ihm getan hat.

9.7 Abschluss des Gespräches

Wenn der Bewerber von sich aus die Frage stellt, wie sich der weitere Fortgang gestaltet, kann man dies als Anlass nehmen, mit der Schlussphase des Gespräches zu beginnen. Wenn der Interviewer das Gespräch von sich aus beenden will, kann er zum Beispiel die Frage stellen, wie der Bewerber nach den gegebenen Informationen die Stelle aus seiner Sicht bewertet. Fast immer wird der Bewerber gegenüber dem Interviewer sein Interesse an der Stelle bekunden, auch wenn er selber weniger interessiert ist. Es wird für den Bewerber in aller Regel sinnvoll sein, sich möglichst viele Beschäftigungsoptionen offenzuhalten, daher wird er sich zu diesem Zeitpunkt fast immer interessiert zeigen. Der Informationsgehalt dieser Frage ist daher gering. Sie hat jedoch auch nicht die Funktion der Informationsgewinnung, sondern der Hinführung des Gespräches in Richtung Beendigung und kann daher gestellt werden. Der Bewerber sollte in dieser Phase noch Informationen über den weiteren Entscheidungsweg erhalten und es sollten Vereinbarungen zum weiteren Kontakt getroffen werden.

9.8 Zusammenspiel zwischen Personal- und Fachabteilung

Zum Abschluss dieses Kapitels soll noch auf das Zusammenspiel zwischen Personal- und Fachabteilung eingegangen werden. Dazu wird in Abb. 9.7 ein prototypischer Ablauf vorgestellt, der die jeweils aufgewandte Zeit für beide Seiten minimiert.

Abb. 9.7 Zusammenspiel zwischen Personalabteilung und Fachabteilung

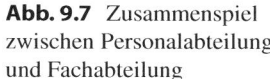

Literatur

Hofstede, G. (2001). *Culture's Consequences: Comparing Values, Behaviours, Institutions and Organizations across Nations*. Sage Publications Inc.

Neuberger, O. (1990). *Führen und geführt werden*. Stuttgart: Enke.

Neuberger, O., & Allenbeck, M. (1978). *Messung und Analyse von Arbeitszufriedenheit*. Bern: Huber.

Stahl, E. (2006). *Dynamik in Gruppen*. Weinheim: Beltz.

Die Erweiterung des klassischen Vorstellungsgespräches durch Assessment-Center-Elemente

10.1 Die Bewerberpräsentation

Aus der besonderen kommunikativen Situation des Vorstellungsgespräches heraus wird ein großer Teil der Sachinformationen, die der Bewerber gibt, mit Selbstdarstellungsanteilen vermischt sein. Diese Tatsache stellt ein Problem im Rahmen der beabsichtigten Erhebung relevanter Informationen dar. Diese Problematik kann aber auch zu einer Stärke werden, indem man den Bewerber sich selber präsentieren lässt. Man verschiebt durch die Aufforderung zur expliziten Selbstpräsentation des Bewerbers zeitlich begrenzt den Anteil der vier Grundaspekte der Kommunikation stark in Richtung der Selbstkundgabe und innerhalb der Selbstkundgabe in Richtung Selbstdarstellung (siehe Abb. 10.1).

Welche Information liefert die Bewerberpräsentation?
Zusätzlich zu dem oben genannten Effekt können weitere spezifische Informationen über den Bewerber auf der Verhaltensebene gewonnen werden, d. h. man verlässt mit dem Element der Bewerberpräsentation den begrenzten Rahmen der rein verbalen Daten und schafft ein reales Handlungsfeld, in dem sich reales Verhalten beobachten lässt. Damit wird nicht die Verhaltensabsicht erfasst, sondern das reale Verhalten. Die möglichen Verzerrungen auf dem Weg von der geäußerten Verhaltensabsicht zum realen Verhalten werden somit gegenstandslos. Das bei der Bewerberpräsentation beobachtbare Verhalten ist in mindestens zweifacher Hinsicht für den Berufserfolg von Bedeutung. Der erste Aspekt betrifft natürlich die Fähigkeit, vor Gruppen Präsentationen durchzuführen. Diese Fähigkeit dürfte an fast allen Arbeitsplätzen gefordert sein, sei es bei Präsentationen im Rahmen von Projekten, bei Kundenkontakten oder auch „nur" zur Informationsvermittlung. Mit der Bewerberselbstdarstellung kann diese Fähigkeit valide erhoben werden. Der zweite Aspekt der mit der Bewerberpräsentation gewonnenen Information bezieht sich auf die Abschätzung des Erfolges in einem Assessment-Center, auch wenn diese nur sehr grob ist.

Ein Teil des Erfolges in einem Assessment-Center hängt davon ab, wie gut der Teilnehmer a) erkennen kann, was von ihm gefordert wird, und b), ob er dieses geforderte

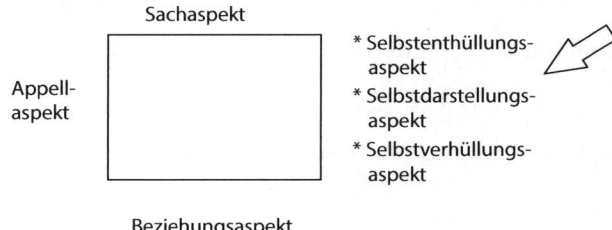

Abb. 10.1 Der kommunikative Fokus bei der Bewerberpräsentation

Verhalten dann auch produzieren kann. Derjenige Teilnehmer ist in Assessment-Centern erfolgreicher, der „errät", welche Kriterien beobachtet werden, und dieses Verhalten dann in der jeweiligen Situation zeigen kann. Die Fähigkeit, nun zu erkennen, was im Moment gefordert ist, und die Produktion dieser geforderten Verhaltensweisen, ist zu einem Großteil die Fähigkeit zum sozialen Gespür und zur Selbstdarstellung. Wer diese Fähigkeit zur Selbstdarstellung besitzt, wird später wahrscheinlich auch in Assessment-Centern eher erfolgreich sein. Somit kommt der Bewerberpräsentation in einem gewissen Rahmen eine prognostische Funktion für den weiteren Berufsweg, zumindest für die annähernde Abschätzung des Erfolges in Assessment-Centern zur internen Personalentwicklung, zu. Voraussetzung für die Durchführung einer Präsentation ist es, dass auch tatsächlich eine Beobachter*gruppe* von mindestens drei Personen anwesend ist, da sonst die typische Präsentationssituation nicht abgebildet wird. Wie in Kap. 11 beschrieben, ist die Konstellation, bei der mehrere unternehmensseitige Beobachter bei der Durchführung von Auswahlgesprächen anwesend sind, generell sinnvoll.

Themenstellungen für die Selbstdarstellung
Prinzipiell sind die verschiedensten Themen für eine Bewerberselbstdarstellung denkbar. Es sollten aber aufgrund der für den Bewerber limitierten Vorbereitungszeit nur solche Themen gestellt werden, für die er auf inhaltlicher Ebene keine Vorbereitung braucht, für die er keine weiteren Unterlagen benötigt, für die der Bewerber selber der beste „Experte" ist. Bei der Bewerberselbstdarstellung geht es ja nicht um die Fähigkeit des Bewerbers zu Stegreifreden (es sein denn, dies ist eine spezielle Anforderung der zu besetzenden Stelle), sondern um die Frage, inwieweit der Bewerber in der Lage ist, ihm vertraute Informationen im Rahmen einer Präsentation zu vermitteln.

Sehr gut eignet sich auch die Aufgabe, ein von ihm bearbeitetes fachliches Thema durch den Bewerber präsentieren zu lassen unter dem Hinweis, dass dies in einer möglichst allgemein verständlichen Form geschehen soll. Mit Hilfe dieser Aufgabenstellung kann man die Neigung des Bewerbers zur Anwendung von Fassadentechniken in Form der Verwendung von Fachtermini abschätzen, da es ja das Ziel des Bewerbers ist, sich als möglichst kompetenter Fachmann auf dem jeweiligen Gebiet darzustellen (die Aufgabenstellung verleitet daher zu solchen Fassadentechniken). Der zweite Teil der Aufgabenstellung ist gegenläufig zu dieser Tendenz, da der Bewerber einen komplizierten Sachverhalt allgemein verständlich darstellen soll. In dieser Aufgabenstellung werden also die ge-

10.1 Die Bewerberpräsentation

genläufigen Tendenzen des Imponierens und der Kommunikationsfähigkeit gleichzeitig aktiviert, und man kann sehen, wie der Bewerber mit diesen sich widersprechenden Tendenzen umgehen kann.

Wenn man sich als Interviewer nicht die Mühe machen will, die einzelnen Fragen zur Passung des Bewerbers im Gespräch stellen zu müssen, kann man dem Bewerber auch die jeweiligen Modelle kurz erläutern und ihn dann bitten, eine Präsentation zu den jeweiligen Modellen Faktoren der Arbeitszufriedenheit, Grade der Beteiligung, (Führungs-)Dilemmata, „Kultur" einer Organisation oder idealtypische Gruppenmodelle (vgl. Kap. 9) vorzubereiten und ihn auffordern, seine Position zu den jeweiligen Alternativen klarzumachen und diese mit konkreten Beispielen zu untermauern.

Die Auswertung der Selbstdarstellung: Was kann man sehen?
Eine Auswertung der Selbstdarstellung erfolgt auf der formalen Ebene. Man löst sich dabei als Beobachter vom Inhalt und versucht, sich auf die Art der Informationsvermittlung zu konzentrieren. Dies bedarf einiger Übung. Der Beobachter sollte sich dabei in die Rolle eines „neutralen" Beobachters begeben, der die Präsentation wie einen Film oder eine Videosequenz betrachtet. Kriterien hierfür können in Anlehnung an Böckmann und Heymen (1996), Wagner-Link (1998) und Langer et al. (1990) sowie Hofmann (2007) sein:

10.1.1 Präsentationsverhalten

Beim Präsentationsverhalten ist es sinnvoll, zwischen verbalen und nonverbalen Verhaltensweisen zu unterscheiden.

- Verbale Wahrnehmungen:
  Damit sind alle Wahrnehmungen gemeint, die möglich sind, wenn Sie die Präsentation nur auf einem Tonband, also ohne das dazugehörige Bild, verfolgen könnten. Dabei können Sie auf folgende Wahrnehmungen achten:
  – *Lautstärke:*
    Fragen Sie sich, ob die Lautstärke der Raumsituation angemessen ist. Können alle Beobachter das Gesagte gut verstehen? Eine zu leise Stimme deutet häufig auf Unsicherheit hin, ist aber auf jeden Fall ein Kommunikationshindernis.
  – *Modulation:*
    Damit ist die Wechselhaftigkeit der Stimme, die Veränderung der Stimme gemeint. Das Gegenteil einer modulierten Stimme wäre eine gleichförmige, monotone Stimme. Eine modulierte Stimme macht das Gesagte für den Zuhörer abwechslungsreicher, interessanter. Einer modulierten Stimme geistig zu folgen, erfordert eine geringere Aufmerksamkeitsleistung, als einer monotonen Stimme zu folgen. Die Modulation kann in der Lautstärke, der Sprechgeschwindigkeit und der Tonlage (Höhe und Tiefe der Stimme) erfolgen.

- *Sprechpausen/Sprechtempo:*
  Ein zu geringes Sprechtempo erschwert es den Beobachtern, zuzuhören, da die Aufmerksamkeit abschweift. Ein zu hohes Sprechtempo macht das Zuhören ebenfalls schwierig, da die Information dann nicht richtig verarbeitet werden kann, durch Überlastung entsteht eine Abschottung der Information durch den Zuhörenden. Komplementär dazu verhält sich der Einsatz von Pausen. Zu viele und zu lange Pausen führen eher zu einem Abschweifen der Gedanken der Beobachter, zu wenige und zu kurze Pausen führen ebenfalls zu einem Abschotten. Weiterhin kann man darauf achten, ob die Pausen absichtlich gesetzt erscheinen, oder ob sie unbeabsichtigt entstehen. Ein zu hohes sowie ein zu niederes Sprechtempo sowie viele unbeabsichtigt erscheinende Pausen (vielleicht sogar Blocks), eventuell versehen mit Pausenfüllern („Äh") sind in der Regel Zeichen von Unsicherheit, erschweren aber auf jeden Fall die Kommunikation.
- *Ausdrucksvermögen:*
  Über welchen Wortschatz verfügt der Bewerber? Sind die Sätze grammatisch richtig formuliert?
- Nonverbale Beobachtungen:
Nonverbale Beobachtungen sind alle Wahrnehmungen, die auf einer Videoaufnahme ohne Ton zu sehen sind.
  - *Blickkontakt:*
    Wohin blickt der Bewerber während seiner Präsentation? Zur Decke? Zum Boden? Zum Fenster hinaus? Oder zu den Zuhörern? Wenn er zu den Zuhörern blickt: Besteht der Blickkontakt zu allen Zuhörern oder nur zu einem speziellen? Wenn er zu allen besteht: Wie wechselt der Blickkontakt? Häufig oder selten, hektisch (Scheibenwischer) oder ruhig? Idealerweise sollte der Blickkontakt in einer ruhigen Art und Weise gleichmäßig auf alle Zuhörer verteilt sein. Ist dies der Fall, fühlen sich alle Zuhörer angesprochen. Wird Blickkontakt vermieden, so ist dies meist ein Zeichen von Unsicherheit.
  - *Gestik:*
    Was macht der Vortragende mit den Händen und den Armen? Sind sie hinter dem Körper verschränkt oder in der Hosentasche versteckt? Oder „hält" sich der Bewerber an einem Kugelschreiber, einem Blatt Papier, dem Gürtel oder Ähnlichem fest? Idealerweise wird die Gestik dazu benutzt, das Gesagte durch *passende* Arm- und Handbewegungen zu unterstreichen, das Gesagte mit Armen und Händen in Ansätzen zu visualisieren.
  - *Haltung/Bewegungen:*
    Wie steht der Vortragende da? Gebückt oder aufrecht? Wie ist seine Position im Raum? Statisch oder in Bewegung? Wenn er sich bewegt, tut er dies langsam oder schnell, oder gar hektisch? Sind die Bewegungen störend? Erscheinen sie geplant oder zufällig ausgeführt?

– *Mimik:*
  Mimisch ist es in besonderer Weise möglich, Zuwendung zu den Zuhörern und Freundlichkeit auszudrücken. Nutzt der Vortragende diese Möglichkeit (besonders durch Lächeln)?

10.1.2 Mediengestaltung

In der Präsentationsvorbereitung sollte die Aufforderung enthalten sein, Medien für die Präsentation zu verwenden. Der Medieneinsatz sollte später ausgewertet werden können. Für eine Bewertung der Mediengestaltung braucht man die eigentliche Präsentation gar nicht gesehen zu haben. Im Prinzip kann sie auch ein an der Bewerbung unbeteiligter Beobachter bewerten und kommentieren.

Fragen zur Mediengestaltung:

- Sind die Medien „sauber" gestaltet?
- Enthalten sie Visualisierungen (was immer der Fall sein sollte), oder bestehen sie nur aus Text?
- Ist die Schrift gut lesbar?
- Werden Farben sinnvoll verwendet (nicht um der Farbigkeit willen, sondern um Bezüge herzustellen)?
- Sind die Darstellungen sauber gegliedert (gibt es Absätze, Zwischenüberschriften etc.)?

10.1.3 Umgang mit den Medien

Wie werden die Medien eingesetzt? Werden Sie zum Beispiel vorgelesen, was sehr häufig der Fall ist, oder sind nur Stichpunkte angegeben? Unterstützen die Medien das Gesagte oder dominiert der Medieneinsatz die Präsentation?

Häufig lassen sich Vortragende durch die Medien „gefangen nehmen", sie „kleben" an den Medien, was sich insbesondere auf den Blickkontakt auswirkt. Beherrscht der Bewerber die Grundregeln im Umgang mit einzelnen Medien? Entsprechende Kriterien zu den einzelnen Medien finden sich zum Beispiel bei Hofmann (2007).

10.1.4 Aufgabenerfüllung

Die in der Aufgabenstellung genannten Aufgaben sollten hinsichtlich der Inhalte und der Zeit erfüllt werden. Der Bewerber muss dabei erstens die Präsentation inhaltlich durchführen und er muss zweitens parallel dazu seine Präsentation auf einer Meta-Ebene betrachten und ständig kontrollieren, ob er alle vorgegebenen Themen behandelt hat und wie viel Zeit er für die einzelnen Unterpunkte verwendet. Insbesondere bei der Aufgabe, ein fachliches Thema zu präsentieren, kommt es häufig vor, dass sich die Bewerber zeitlich und inhaltlich sehr verzetteln und weniger in der Lage sind, ihre Präsentation zu kontrollieren.

10.1.5 Inhalt und Stimulanz

Zum Abschluss ist es sinnvoll, sich die Frage zu stellen, ob zu den oben beschriebenen, eher formalen Aspekten die Präsentation auch noch Elemente enthält, die diese zusätzlich interessant gemacht haben, die das Zuhören interessant gemacht haben. Es kann dabei Unterschiede geben zwischen einer „korrekten" Präsentation und einer Präsentation, die zwar auch korrekt ist, darüber hinaus aber noch einen „Knalleffekt", „Pep", hat. An dieser Stelle drückt sich auch zusätzlich zu den allgemeingültigen Regeln einer guten Präsentation die Individualität des Bewerbers aus. Schulz von Thun nennt diesen Faktor „zusätzliche Stimulanz".

Diese zusätzliche Stimulanz kann zum Beispiel bestehen in:

- der Verwendung plastischer Beispiele,
- dem Benutzen von Analogien,
- der Verwendung von wörtlicher Rede.

Beobachtungsbogen
Für die Auswertung der Bewerberpräsentation kann das Formblatt (siehe Abb. 10.2) verwendet werden, in dem die oben erwähnten Gesichtspunkte dargestellt sind. Zu jedem Gesichtspunkt kann eine Bewertung von 1 (= sehr positiv) bis 5 (= nicht vorhanden oder sehr negativ) erfolgen, sowie eine Gesamtbewertung der Präsentation. Am Anfang wird dies vielleicht noch schwierig sein, es stellt sich aber erfahrungsgemäß nach einigen Präsentationen eine gewisse Übung ein. Da die Präsentation ja von mehreren Beobachtern bewertet wird, gibt es zusätzlich noch eine soziale Korrekturquelle. Eine Diskussion zwischen den einzelnen Beobachtern ist immer sinnvoll, da die unterschiedlichen Beobachtungen zusammengetragen werden und sich durch die Diskussion ein einheitlicher Maßstab bilden kann.

Rahmenbedingungen einer Präsentation
Eine derartige Bewerberpräsentation ist im Prinzip immer durchführbar, wenn sie als Einstieg in das Gespräch erfolgt, auch ohne damit spezielle Verhaltensweisen beobachten zu wollen. Darüber hinaus ist es in fast jeder Position wichtig, Informationen zum Beispiel in Form von Kurzpräsentationen zu vermitteln. Diese Fähigkeit kann natürlich mit Hilfe der Bewerberselbstdarstellung sehr gut erfasst werden. Die Bewerberpräsentation sollte dagegen nicht angewendet werden, wenn die Anforderung, Informationen an Gruppen zu vermitteln, in dem entsprechenden Berufsbild nicht vorkommt, wie dies zum Beispiel bei einer Sekretärin oder einem Handwerker der Fall sein dürfte.

10.1 Die Bewerberpräsentation

Name: _____

1. Präsentationsverhalten:
   a) verbales Verhalten
   - Lautstärke | 1 | 2 | 3 | 4 | 5 |
   - Modulation | 1 | 2 | 3 | 4 | 5 |
   - Sprechtempo / Sprechpausen | 1 | 2 | 3 | 4 | 5 |
   - Ausdrucksvermögen | 1 | 2 | 3 | 4 | 5 |

   b) nonverbales Verhalten:
   - Blickkontakt | 1 | 2 | 3 | 4 | 5 |
   - Gestik | 1 | 2 | 3 | 4 | 5 |
   - Haltung/Bewegungen | 1 | 2 | 3 | 4 | 5 |
   - Mimik | 1 | 2 | 3 | 4 | 5 |

2. Mediengestaltung | 1 | 2 | 3 | 4 | 5 |
3. Umgang mit den Medien | 1 | 2 | 3 | 4 | 5 |
4. Aufgabenerfüllung | 1 | 2 | 3 | 4 | 5 |
5. Inhalt | 1 | 2 | 3 | 4 | 5 |
6. Zusätzliche Stimulanz | 1 | 2 | 3 | 4 | 5 |

Gesamtbewertung | 1 | 2 | 3 | 4 | 5 |

Abb. 10.2 Auswertungsblatt für eine Präsentation

Während der eigentlichen Präsentation sollten sich die Beobachter möglichst passiv verhalten, d. h. keine, oder wenn, dann nur Verständnisfragen stellen. Dies hat zweierlei Gründe: Einerseits soll der Bewerber eine „Bühne", eine „Projektionsfläche" erhalten, die er frei gestalten kann, andererseits definiert die Aufgabe der Präsentation eine (nur in dieser Phase) einseitige Kommunikation, die eben typisch ist für diese Aufgabenstellung. Sehr wahrscheinlich werden die Beobachter während der Präsentation viele Fragen generieren, die sie aber dann einfach notieren und im Anschluss an die Präsentation stellen sollten. Erfahrungsgemäß stellt die Anknüpfung an eine vorangegangene Präsentation ein weiteres und natürliches Element der Erleichterung des Gesprächsflusses dar (vgl. Kap. 3).

Die Präsentation sollte im Gesamtverfahren möglichst in einer eher frühen Phase erfolgen, da sie einen eleganten Einstieg in das (Gruppen-)Gespräch bietet. Darüber hinaus kommt man dem Bedürfnis des Bewerbers zu einem frühen Zeitpunkt entgegen, sich selbst darzustellen. Die Phase, in der der Bewerber eine „Bühne" zur expliziten Selbstdarstellung geboten bekommt, kann von den späteren Gesprächsphasen deutlich unterschieden werden.

10.2 Verhaltensbeobachtung während des Zweiergespräches

Auch wenn formal keine Bewerberpräsentation durchgeführt wird, ist natürlich jedes Bewerbergespräch eine Präsentation des Bewerbers. Auch das Zweiergespräch erlaubt es, auf der Ebene des beobachtbaren Verhaltens Informationen zu sammeln.

Nach dem eigentlichen Gespräch kann man dazu die Gesprächseindrücke noch einmal rekapitulieren und sich zusätzlich zum Inhalt einige Gedanken über die Form des Gespräches machen und diese in strukturierter Form festhalten.

- Das Auftreten des Bewerbers
- Das Ausdrucksvermögen des Bewerbers
- Das Verhalten in der Zweierkommunikation
- Die Nervosität/Belastbarkeit des Bewerbers

Vom Ausdruck zum Eindruck
Jede Einschätzung enthält subjektive und mit Unsicherheiten behaftete Elemente. In seiner Subjektivität aber immer bedeutsam und wirksam ist der Eindruck, den der Bewerber bei dem Interviewer erzeugt. Überlegen Sie sich daher für die Auswertung, wie Ihr eigener, rein subjektiver Eindruck bezüglich der oben beschriebenen Kriterien ist und, versuchen Sie zu beschreiben, woher genau dieser Eindruck kommt, was der Bewerber zum Entstehen dieses Eindrucks bei Ihnen konkret getan hat. Dieses Vorgehen ist konträr zu der häufig geforderten Trennung von Beschreibung und Bewertung sowie dem Vorgehen, zuerst wertneutral zu beschreiben und erst dann eine Bewertung vorzunehmen. Ich glaube, dass dieses Vorgehen in der Zweiersituation nur sehr schwer oder vielleicht überhaupt nicht möglich sein wird. Die eigenen Wahrnehmungen sind immer durch subjektive Erfahrungen und subjektiv eventuell verzerrte Sichtweisen, Ausblendungen, spezielle Fokussierung etc. zumindest mitdeterminiert (vgl. zum Beispiel Schuler 1980). Der Versuch, hier „Objektivität" zu erzeugen (sofern dies bei der Personenwahrnehmung überhaupt möglich sein sollte), ist meiner Ansicht nach zum Scheitern verurteilt. Aus dieser Tatsache kann man auch eine Stärke machen, indem man sich den rein subjektiven Eindruck

10.2 Verhaltensbeobachtung während des Zweiergespräches

Beobachtungsblatt zum Zweiergespräch

☐ ++ **Auftreten:**
☐ +
☐ 0   arrogant – aufdringlich – befangen – ernst – gehemmt – heiter – höflich –
☐ -   korrekt – lässig – schwerfällig – sicher – unsicher – zurückhaltend – gewandt
☐ --

Beobachtungen:

☐ ++ **Ausdrucksvermögen:**
☐ +
☐ 0   flüssig – präzise – klar – knapp – macht viele Worte – redegewandt –
☐ -   schlagfertig – treffend – umständlich – unklar – behält den Faden
☐ --

Beobachtungen:

☐ ++ **Dyadische Kommunikation:**
☐ +
☐ 0   hält Blickkontakt – nutzt Mimik und Gestik – gliedert seine Ausführungen –
☐ -   kontrolliert, ob er verstanden wurde – wendet sich dem Gesprächspartner zu –
☐ -- verteilt die Redezeit etwa gleich – lässt Gesprächspartner ausreden

Beobachtungen:

☐ ++ **Nervosität:**
☐ +
☐ 0   zeigt motorische Unruhe – wirkt ruhig und ausgeglichen –
☐ -   Verlegenheitsgesten – bleibt in kritischen Situationen ruhig –
☐ -- verhält sich unkompliziert

Beobachtungen:

Bemerkungen:

Abb. 10.3 Beobachtungsblatt zum Gesprächsverhalten

bewusst macht, denn dieser subjektive Eindruck ist „objektiv" richtig, da der Bewerber ihn ja bei Ihnen erzeugt hat.

Die Auswertung des Bewerberverhaltens in der Zweierkommunikation kann zum Beispiel mit Hilfe eines Auswertungsblattes (siehe Abb. 10.3) erfolgen. Versuchen Sie dabei zuerst, eine subjektive Einschätzung des Bewerberverhaltens (von ++ bis ‒‒) vorzunehmen. Fragen Sie sich dazu einfach, wie Ihr persönlicher Eindruck war. Beschreiben Sie dann das konkrete Verhalten des Bewerbers näher, dazu sind in dem Auswertungsblatt einige Standardbegriffe aufgeführt, die sicherlich noch einer Ergänzung durch die eigenen Beobachtungen bedürfen.

An dieser Stelle sei noch einmal auf das Kap. 5 verwiesen, in dem bereits das Thema Verhaltensbeobachtung angeschnitten wurde. Man sollte immer, jedoch besonders am Anfang des Gespräches, auf nonverbale Indikatoren achten, mit denen der Bewerber einem signalisiert: Diese Antwort ist nicht-trivial. Die Indikatoren sind nachfolgend noch einmal aufgeführt.

10.3 Simulation von Gesprächssequenzen

In nahezu jedem Vorstellungsgespräch wird man auf das Thema „Gesprächsführung" kommen. Dies ist zum Beispiel dann der Fall, wenn man den Bewerber fragt: „Wie würden Sie reagieren, wenn ein Kollege Sie mehrfach falsch informiert?", „Wie gehen Sie vor, wenn Sie einen Konflikt zwischen zwei Mitarbeitern lösen müssen?", oder: „Was würden Sie tun, wenn Sie sich von Ihrem Vorgesetzten ungerecht behandelt fühlen?" Die Antwort lautet wahrscheinlich: „Ich würde das Gespräch suchen und dabei die problematische Situation ansprechen." Diese Reaktion ist ja im Prinzip auch richtig, was sollte man denn auch sonst tun, außer zu hoffen, dass sich die Situation von alleine klärt? Mit der Antwort kann man jedoch noch nichts anfangen, sie sollte lediglich das Stichwort sein, um eine Gesprächssequenz zu simulieren. Es gibt unendlich viele Möglichkeiten, ein solches Gespräch zu führen. Man kann die Simulation einleiten, indem man sagt: „Gut, dann lassen Sie uns die Situation doch einmal durchspielen, ich bin (der Kollege, Mitarbeiter, Vorgesetzte etc.) und Sie sind Sie selbst. Wir haben folgende Situation (eben die im Gespräch vorher beschriebene Situation) und Sie kommen zu mir, um das Gespräch zu führen." Man kann als Interviewer auf der ersten Stufe nur hören, was der Bewerber sagt, man kann aber auch auf einer zweiten Stufe verschieden auf die Argumente des Bewerbers reagieren und dann sehen, wie sich der Bewerber in dieser simulierten Situation verhält. Als Faustregel gilt: Nicht bei einer Antwort stehenbleiben, sondern das betreffende Gespräch simulieren.

Literatur

Böckmann, K., & Heymen, N. (1996). *Fachwissen vermitteln*. Hohengehren: Schneider-Verlag.
Hofmann, E. (2007). *Überzeugend präsentieren*. Düsseldorf: Symposion.

Literatur

Kleinmann, M. (1997). *Assessment-Center*. Göttingen: Hogrefe.

Langer, I., Schulz von Thun, F., & Tausch, R. (1990). *Sich verständlich ausdrücken*. München: Reinhardt.

Schuler, H. (1980). *Das Bild vom Mitarbeiter*. München: Goldmann.

Wagner-Link, A. (1998). *Kommunikation als Verhaltenstraining*. München: Pfeiffer.

Durchführungstechnische Gesichtspunkte 11

11.1 Sitzposition

Die Sitzposition der Gesprächspartner während des Bewerbungsgespräches sollte nicht zufällig entstehen, sondern systematisch geplant sein, da sie vielerlei Auswirkungen hat. Bei der idealen Sitzposition sitzt der Bewerber in einem 90-Grad-Winkel zum Interviewer. Dies ist in der Regel für den Bewerber angenehmer als das direkte Gegenübersitzen, da er so nicht dem ständigen Blickkontakt des Interviewers ausgesetzt ist. Der ständige Blickkontakt wirkt auf viele Menschen beunruhigend. Sitzt man dagegen in der 90-Grad-Position, kann der Blick immer wieder geradeaus in die natürliche Blickrichtung gerichtet werden.

Wie im nächsten Abschnitt gezeigt wird, macht sich der Interviewer von dem Gespräch Notizen. Sitzt der Bewerber nun frontal zum Interviewer, so ist dieser förmlich gezwungen, die Notizen des Interviewers einzusehen, was natürlich nicht sinnvoll ist, da der Interviewer dann seine Notizen nicht im „Klartext" formulieren kann. Sitzt man sich direkt gegenüber, so haben beide Gesprächspartner nur eine geringe Beinfreiheit, diese ist bei einer 90-Grad-Position größer und daher eher geeignet, eine bequeme Position einzunehmen.

Der Abstand der Sitzgelegenheiten zueinander spielt ebenfalls eine wichtige Rolle bei der Gestaltung der Gesprächssituation. Untersuchungen haben gezeigt, dass die optimale Gesprächsdistanz bei Erwachsenen, die sich das erste Mal sehen, bei 100 bis 150 cm liegt, dies entspricht ca. der Distanz, die entsteht, wenn beide Gesprächspartner die Arme ausgestreckt haben (siehe Abb. 11.1). Ist die Distanz größer, „distanziert" man sich von dem Gesprächspartner, wird sie unterschritten, wird dies häufig als Einbruch in den „persönlichen Raum" erlebt. Geschieht dies mehrmals, so kann dies zu Nervosität, einem unangenehmen Gefühl, oder gar zu Aggression führen, was natürlich negative Auswirkungen auf die Beziehungsebene haben kann.

Abb. 11.1 Sitzpositionen beim Bewerbergespräch

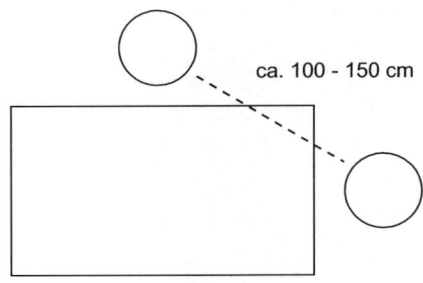

Wenn nur zwei Stühle vorhanden sind, kann man die Sitzkonstellation eindeutig vorgeben. Sind mehrere Sitzplätze vorhanden, kann man das Zustandekommen der optimalen Sitzposition sehr gut steuern, zum Beispiel:

- dem Bewerber einen speziellen Platz anbieten,
- die Unterlagen an einem Platz liegenlassen, der nur diese Konstellation zulässt und so den Sitzplatz des Interviewers „reservieren",
- den Bewerber zuerst Platz nehmen lassen und dann den eigenen Platz so wählen, dass die beabsichtigte Konstellation entsteht.

Ob der Bewerber rechts oder links vom Interviewer sitzen sollte, hängt davon ab, ob der Interviewer Rechts- oder Linkshänder ist. Ist er Rechtshänder, sollte er links vom Bewerber sitzen, da der rechte Arm dann einen natürlichen Sichtschutz für die Notizen darstellt.

11.2 Notizen

Während des Gespräches erhält der Interviewer eine Fülle von Informationen, die er sich aufgrund gedächtnispsychologischer Gegebenheiten nicht oder nur in einer sehr rudimentären Weise merken kann. Daher ist es unbedingt ratsam, sich während des Gespräches Notizen zu machen. Die Funktionsweise unseres Gedächtnisses kann mit dem nachfolgenden Experiment demonstriert werden.

Nehmen Sie sich zwei Minuten Zeit und lernen Sie die nachfolgende Liste mit Begriffen auswendig:

- Aktenordner
- Zehnkampf
- Naturwissenschaftler
- Blumenkohl
- Teigwaren
- Funkturm

11.2 Notizen

- Kofferraum
- Terminkalender
- Kleiderschrank
- Bilderrahmen
- Drehmaschine
- Liederhalle
- Boxkampf
- Hochhaus
- Fensterbank

Unterbrechen Sie nun das Lesen dieses Buches und beschäftigen Sie sich 10 bis 15 min mit irgendeiner anderen Tätigkeit.

Reproduzieren Sie dann die zuvor gelernten Begriffe, schreiben Sie alle die Begriffe auf, die Ihnen einfallen.

Notieren Sie sich als Auswertung:
Wie viele Begriffe konnten Sie sich merken?

1. An welcher Position standen die Begriffe, die Sie sich merken konnten?

Wenn man dieses Experiment mit sehr vielen Menschen durchführt und sicherstellt, dass dabei Zufallseffekte ausgeschlossen sind, so kann man folgende Ergebnisse feststellen:

Die Kapazität des Kurzzeitgedächtnisses ist begrenzt, sie beträgt sieben plus minus zwei Inhalte. Solche Inhalte können Begriffe, Zahlen, Ereignisse, Formeln, Argumentationen etc. sein, also sieben plus minus zwei sinnvolle Einheiten (Miller 1956).

2. Die „Haftfähigkeit" von Gedächtnisinhalten hängt zu einem gewissen Teil von der Reihenfolge ab, in der die Gedächtnisinhalte dargeboten werden. Dabei werden die Informationen, die am Schluss stehen, besonders gut behalten. Dieser Effekt erstreckt sich gewöhnlich über ca. vier Gedächtnisinhalte. Die Informationen, die am Anfang dargeboten werden, werden auch noch besser als die Inhalte, die in der Mitte stehen, behalten, wenn auch geringfügig weniger besser als die Inhalte, die am Schluss dargeboten werden. Dieser Effekt erstreckt sich auf etwa drei Gedächtniseinheiten. Die Informationen, die in der Mitte stehen, werden am schlechtesten behalten. Die Tatsache, dass Informationen, die am Schluss dargeboten wurden am besten behalten werden, wird als „Recensy-Effekt" bezeichnet, die relativ gute Merkfähigkeit für Einheiten am Anfang bezeichnet man als „Primacy-Effekt" (Murdock 1962).

Diese Gedächtniseffekte haben unmittelbare praktische Bedeutung. Wenn sich der Interviewer keine Notizen macht, muss er sich in der Beurteilung des Bewerbers alleine auf die Gedächtnisspuren verlassen, die der Bewerber bei ihm hinterlassen hat. Da diese Gedächtnisspuren in Abhängigkeit von der Position des jeweiligen Inhaltes jedoch

Abb. 11.2 Behaltensleistung in Abhängigkeit von der Position

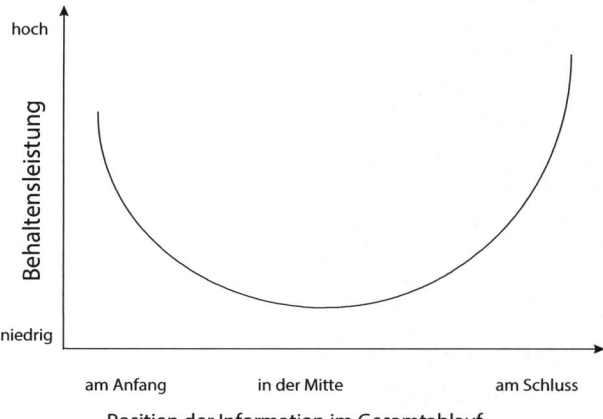

verschieden tief sind, erfolgt die Informationsverarbeitung nur sehr unsystematisch und verzerrt. Das Anfertigen von Notizen stellt sicher, dass der Primacy- und der Recency-Effekt bei der Informationsverarbeitung keine Rolle spielen und auch die Informationen über den Bewerber, die in der Mitte des Gespräches anfallen, angemessen berücksichtigt werden.

Während des Gespräches ist es günstiger, nur Stichworte als Gedankenstützen zu notieren, da sonst durch intensives Mitschreiben der Blickkontakt zum Bewerber zu sehr unterbrochen werden könnte. Der Bewerber fühlt sich in der Regel nicht oder nur sehr wenig durch das Mitschreiben des Interviewers gestört. Er merkt im Gegenteil, dass seine Antworten wichtig sind. Dem Bewerber wird zusätzlich demonstriert, dass seine Antworten dokumentiert werden und er es somit schwerer hat, konsistent Aussagen zu erfinden, da sie mittels der gemachten Notizen eher überprüft werden können (vgl. Kap. 5).

Beim Notieren der relevanten Informationen während des Bewerbungsgespräches empfiehlt es sich, ein Klemmbrett zu benutzen, da dann die Unterlagen nicht offen auf den Tisch gelegt werden müssen, wo sie der Bewerber einsehen kann.

Abbildung 11.2 verdeutlicht diesen Zusammenhang zwischen der Behaltensleistung und der Position im Gesamtablauf, an der die jeweilige Information gegeben wurde.

11.3 Zeitplanung

Aus den Gesetzmäßigkeiten, nach denen unser Gedächtnis funktioniert, ergeben sich auch unmittelbare Konsequenzen für die Gestaltung des Arbeitstages, besonders dann, wenn an einem Tag mehrere Gespräche zu führen sind.

Zur Verdeutlichung dient wieder ein gedächtnispsychologisches Experiment:

Gibt man Versuchspersonen Begriffe vor, die sie auswendig lernen sollen, und gibt Ihnen unmittelbar im Anschluss daran eine andere Gedächtnisaufgabe, so werden die ursprünglich gelernten Begriffe durch die neue Aufgabe verdrängt. Ein Wiederholen der ursprünglich gelernten Begriffe wird dadurch verhindert. Die Behaltensleistung ist bei solchen Aufgaben, bei denen das Wiederholen verhindert wird, wesentlich geringer als bei Aufgaben, bei denen die Versuchspersonen das zuvor Gelernte wiederholen können. Dieser Effekt ist dann besonders ausgeprägt, wenn das Material der ursprünglich gelernten Begriffe der Aufgabe, die die Personen danach bewältigen müssen, sehr ähnelt. Wie kommt es zu einem Zerfall, zu einem Verblassen, zu einem Verlust von Gedächtnisinhalten bei denjenigen Versuchspersonen, die die gelernten Inhalte nicht wiederholen konnten?

Eine Erklärung hierfür liefert ein Modell des Kurzzeitgedächtnisses (siehe Abb. 11.3). Die Kapazität des Kurzzeitgedächtnisses ist begrenzt. Werden neue Inhalte in den Kurzzeitspeicher eingefüllt, so müssen alte dafür aus dem Speicher entfernt werden oder aber die alten Gedächtnisinhalte in den Langzeitspeicher „umgelagert" werden. Dieses Umlagern erfolgt hauptsächlich durch Wiederholen. Um das zuvor Gelernte wiederholen zu können, muss der Kurzzeitspeicher natürlich vor weiterem Informationseinstrom geschützt werden. Etwa 85 % des gesamten Gedächtniszerfalls ist durch Überlagerung mit neuen Informationen zu erklären, die restlichen ca. 15 % mit dem „Zerfall" der Gedächtnisspuren. Dieser Überlagerungsprozess wird auch Interferenz genannt (Norman 1966).

Das Kurzzeitgedächtnis hat eine begrenzte Kapazität. Wird neue Information in das Kurzzeitgedächtnis „eingefüllt", so „läuft der Speicher über" und alte Information gehen verloren. Damit man eine Chance hat, die Gedächtnisinhalte vom Kurzzeitgedächtnis in das Langzeitgedächtnis zu befördern, muss man daher eine Portion Information aufnehmen, diese Information im Kurzzeitgedächtnis behalten (wiederholen) und erst dann weitere Information aufnehmen.

Diese gedächtnispsychologischen Sachverhalte haben unmittelbare Konsequenzen für die Gestaltung des Tagesablaufes. Das Vorstellungsgespräch kann als eine Art Lernprozess aufgefasst werden, bei dem der Interviewer möglichst viel über den Bewerber erfahren (lernen) will und das gewonnene Wissen dann auch für die spätere Auswertung im Gedächtnis behalten muss.

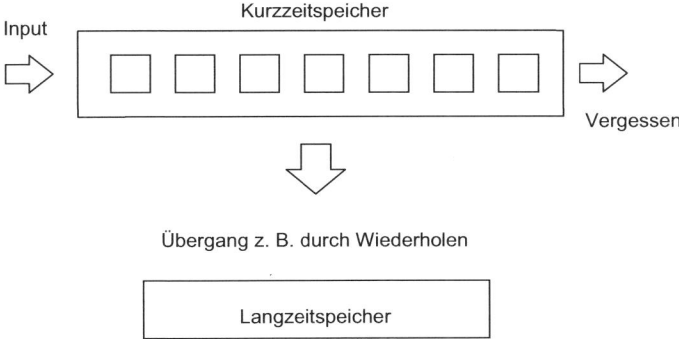

Abb. 11.3 Begrenzte Gedächtniskapazität

Empfehlungen für die Gestaltung des Tagesablaufes

Nach jedem Interview sollte eine gezielte Pause eingeplant werden, in der es zu möglichst wenig Interferenz mit ähnlich gelagerten Informationen kommen kann. Führt man mehrere Vorstellungsgespräche hintereinander, so sind sich die jeweils zu „lernenden" Informationen sehr ähnlich, es besteht daher die starke Gefahr der Interferenz der Gedächtnisinhalte. Das Gedächtnis sollte daher eine gewisse Zeit nach einem Vorstellungsgespräch „leer gehalten" werden (z. B. indem man Dinge erledigt, die nichts mit dem Vorstellungsgespräch zu tun haben), um Überlagerungen zu verhindern. Noch besser ist es natürlich, das Gespräch geistig noch einmal Revue passieren zu lassen. Zwei Bewerbungsgespräche unmittelbar hintereinander, ohne die Möglichkeit, das erste Gespräch noch einmal zu reflektieren, sind sehr ungünstig (gleichartiges Material, wenig Verarbeitungszeit, wenig Gelegenheit, die Inhalte in den Langzeitspeicher zu transferieren).

1. Der oben beschriebene Effekt der Interferenz kommt nur dann zustande, wenn man die Versuchspersonen daran hindert, die gelernte Information zu wiederholen. Durch Wiederholen kann man die Gedächtnisinhalte „verfestigen", sie vom Kurzzeitgedächtnis in das Langzeitgedächtnis überführen. Daher ist es sinnvoll, unmittelbar am Ende eines Interviews gezielt Zeit einzuplanen, um sich das Interview geistig noch einmal vor Augen zu führen. Durch dieses Wiederholen steigt die Haftfähigkeit der Gedächtnisinhalte.
2. Wenn man die im Gespräch mitgeschriebenen Stichworte nach dem Gespräch noch einmal ausführlicher zusammenfasst, hat man zusätzlich zu der systematischen Konservierung der erhaltenen Information in schriftlicher Form noch den Effekt der besseren Erinnerung an das Gespräch.

11.4 Leistungskurve

Die physische und kognitive Leistungsfähigkeit des Interviewers schwankt im Verlauf des Tages, sie erreicht bei sehr vielen Menschen am frühen Vormittag und am späten Nachmittag den Höhepunkt. Nach dem Mittagessen ist sie dagegen eher gering. Da das Vorstellungsgespräch hohe Anforderungen an die kognitive Leistungsfähigkeit des Interviewers stellt, sollten die Bewerbungsgespräche in die Zeit des jeweiligen Leistungshöhepunktes gelegt werden. Die Verlaufskurve kann individuelle Unterschiede aufweisen, deshalb sollte man sich durch Selbstbeobachtung darüber klar werden, zu welchem Zeitpunkt im Tagesablauf die eigene Leistungsfähigkeit besonders hoch ist und die Vorstellungsgespräche in diesen Zeiten einplanen.

11.5 Systematisches Auswerten

Die vielen Informationen, die im Laufe des Vorstellungsgespräches angefallen sind, werden oft nur „intuitiv" und unsystematisch bewertet, gewichtet, verrechnet. Das Gesamturteil kommt häufig eher aus einem „Globalurteil" heraus zustande und weniger durch eine analytische und systematische Entscheidungsfindung. Dieser eher intuitive Prozess der Entscheidungsfindung hat den Nachteil, dass dabei sowohl Gedächtniseffekte als auch Wahrnehmungsverzerrungen seitens des Interviewers (oder der Interviewer) eine Rolle spielen können, die das Entscheidungsbild unter Umständen verzerren können. Die Problematik dieses intuitiven Verrechnungsprozesses kann mit Hilfe der Abb. 11.4 demonstriert werden. In der Abb. 11.4 sind jeweils die Größenverhältnisse 1 : 2 in verschiedenen Formen dargestellt, einmal als Längenvergleich, einmal als Flächenvergleich und einmal als Vergleich zweier Körper. Die Darstellungen unterscheiden sich also in der Anzahl der Dimensionen, auf denen sich der Größenvergleich 1 : 2 abspielt. Bei dem Vergleich der Verhältnisse auf einer Dimension (Länge) ist der Unterschied ziemlich eindeutig. Bei dem Vergleich auf zwei Dimensionen (Fläche) verkleinert sich in unserer Wahrnehmung der Unterschied. Noch deutlicher ist dies bei der dreidimensionalen Darstellung (Körper). Das Verhältnis 1 : 2 wird umso schwieriger wahrnehmbar, je mehr Dimensionen bei der Darstellung verwendet werden.

Unsere Wahrnehmung hat die Tendenz, komplexe, mehrdimensionale Vergleiche zu simplifizieren, indem sie die Anzahl der zu berücksichtigenden Aspekte verringert (im Beispiel in Abb. 11.4 wird der Vergleich hierfür auf die Kantenlänge reduziert.) Bestehende Unterschiede werden andererseits bei der gleichzeitigen Betrachtung mehrerer Dimensionen nicht mehr erkennbar. Diese Arbeitsweise unserer Wahrnehmung manifestiert sich bereits beim Vergleich einfacher geometrischer Figuren, die durch Abmessen eindeutig miteinander zu vergleichen sind. Ungleich komplexer ist dagegen die Beurteilung eines Bewerbers, bei der zusätzlich kein „objektiver" Maßstab existiert. Auch hier können bei unsystematischem Vorgehen einzelne Aspekte vernachlässigt oder ganz unterschlagen werden, andere dagegen überdimensional gewichtet werden. Bei der Beurteilung eines Bewerbers sind natürlich mehr als drei Dimensionen zu beachten und zu verrechnen, umso schwieriger ist es dann, zwei Bewerber miteinander zu vergleichen. Mit der

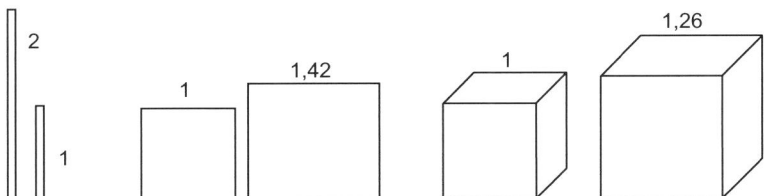

Abb. 11.4 Verzerrung bestehender Unterschiede bei der gleichzeitigen Betrachtung mehrerer Dimensionen

Anzahl der zu berücksichtigenden Dimensionen nivellieren sich die tatsächlich bestehenden Unterschiede auch hier. Andererseits können Gedächtniseffekte bei uns die Illusion bestehender Unterschiedlichkeiten erzeugen, die bei systematischem Vorgehen in dieser Form eventuell nicht vorhanden sind.

Literatur

Miller, G. A. (1956). The magical number seven, plus or minus two: Some limits in our capacity for processing information. *Psychological Review, 63*, 81.

Murdock, B. B. (1962). The serial position effect in free recall. *Journal of Experimental Psychology, 64*, 482.

Norman, D. A. (1966). Acquisition and retention in short-term memory. *Journal of Experimental Psychology, 72*, 369.

Auswertung des Interviews 12

12.1 Bauch- oder Kopfentscheidungen?

Besonders bei Personalentscheidungen besteht immer das Problem, wie man sich nun entscheiden soll, eher dem Kopf (Verstand) oder eher dem Bauch (Gefühl) entsprechend. Diese Frage soll im folgenden Abschnitt diskutiert werden.

Ein Hauptargument gegen die „Kopfentscheidung" besteht darin, dass es gar keine vollständige „Kopfentscheidung" geben kann. Unser Verstand kann allein aus Gründen der Komplexität, der mangelnden Kenntnis der Anfangs- und der Randbedingungen sowie der begrenzten Verarbeitungskapazität keine „rein" rationalen Entscheidungen treffen. Viele Experimente zeigen auch, dass Menschen in der Realität oft nicht nach rationalen Kriterien entscheiden.

Aus diesen Tatsachen und Beobachtungen heraus wird in Boulevardzeitungen und Boulevardmagazinen oft gefolgert, dass man „auf den Bauch hören" oder „seinen Gefühlen folgen", „auf die Körpersignale achten" sollte etc. Zusätzlich wird noch propagiert, dass es verschiedene Entscheidungstypen gebe, den „Bauchmenschen" und den „Kopfmenschen", die sich dadurch unterscheiden, wie sie an Entscheidungen herangehen. Was ist von solchen Ratschlägen zu halten? Aus der Tatsache, dass verschiedene Menschen unterschiedlich an Entscheidungen herangehen, wird gefolgert, dass dies auch so richtig sei. Das muss natürlich nicht zwangsweise so sein. Aus der Tatsache, dass etwas so ist, wie es ist, folgt noch lange nicht, dass dies auch so richtig ist. Genau das Gegenteil ist oft der Fall: Es täte dem „Kopfmenschen" eher gut, mehr emotional zu entscheiden und dem „Bauchmenschen" täte es gut, eher rationaler zu entscheiden.

Die Untersuchungen, aus denen die oben genannten Ratschläge abgeleitet werden, sind in aller Regel Untersuchungen, die sich auf kurze Handlungssequenzen mit begrenzten Auswirkungen beziehen. Sobald es sich um komplexere Entscheidungen mit weitreichenden Konsequenzen handelt, stimmen diese Ableitungen nicht mehr. Da die Personaleinstellung eine sehr komplexe Entscheidung mit sehr weitreichenden Konsequenzen für beide Seiten ist, taugen solche trivialen und populärpsychologischen Ratschläge bei diesem Thema weniger.

12.2 Der erste Eindruck

Zentrum der Bauchentscheidung ist die Orientierung am „ersten Eindruck". Im Alltag wie auch bei der Personalauswahl erleben wir, dass uns manche Menschen spontan eher sympathisch und manche spontan eher unsympathisch sind. Aus der sozialpsychologischen Forschung weiß man, dass diese Sympathie beziehungsweise Antipathie auch eine große zeitliche Stabilität hat. Nach einem Jahr schätzt man die Sympathie beziehungsweise Antipathie von Menschen noch zu ca. 70 % genauso ein wie nach dem ersten Eindruck. Der erste Eindruck sagt lediglich aus, dass wir einen Menschen, den wir momentan sympathisch beziehungsweise unsympathisch finden, auch mit relativ hoher Wahrscheinlichkeit noch in einem Jahr entsprechend beurteilen werden.

Als vermeintlicher „Beleg" dafür, dass Bauchentscheidungen „richtig" sind, wird oft der Sachverhalt angeführt, dass man die entsprechenden Mitarbeiter auch in der Rückschau noch positiv beurteilt. Das ist jedoch nur ein Scheinbeleg, da er nur den obigen Effekt widerspiegelt. Über die Eignung für den entsprechenden Job kann jedoch mit Hilfe des ersten Eindrucks nichts ausgesagt werden. Nun kann man einwenden, dass die Sympathie ein wichtiges Moment in der zukünftigen Zusammenarbeit darstellt und von daher eine gute Entscheidungsgrundlage liefern kann. Diese Argumentation hat jedoch zwei Schwachstellen: Erstens trifft diese Argumentation nur auf die aktuelle Zweierbeziehung zu, die sich auch relativ rasch durch Umstrukturierung, Versetzung, Vorgesetztenwechsel etc. wieder ändern kann. Es geht also nicht um *eine* Bauchentscheidung, sondern es entscheiden oft (zumindest potenziell) mehrere Bäuche. Zweitens wird man einem Menschen, den man sympathisch findet, sehr wahrscheinlich mehr Fehler durchgehen lassen und ihm mehr Chancen geben als einem Menschen, der einem unsympathisch ist. Das kann dazu führen, dass man inhaltlich eher schwache Arbeitsergebnisse toleriert und so der eigenen Organisationseinheit und natürlich längerfristig auch sich selbst schadet. Einem unsympathischen Menschen wird man dagegen eher kritischer auf die Finger schauen.

Ein Ausweg aus dieser Situation besteht darin, dass man das Gespräch mit mehreren Interviewern führt, was ja schon aus vielen anderen Gründen empfohlen wurde. Der erste Eindruck, die „Bauchentscheidung" sollte dabei nicht unterdrückt werden, sie sollte jedoch bewusst thematisiert werden und durch die ersten Eindrücke anderer Personen ergänzt, korrigiert, diskutierbar gemacht werden. Nur in einem kommunikativen Prozess kann der erste Eindruck, das Bauchgefühl, diskutiert und eventuell relativiert werden und so zu einem „zweiten" Eindruck führen. Das Bauchgefühl kann man auch durch ein sehr unstrukturiertes Vorgehen erlangen. In einem guten Vorstellungsgespräch wird jedoch dieses eher irrationale Vorgehen durch einen nachfolgenden eher rationalen Teil ergänzt. In diesem Sinne soll an dieser Stelle keine reine Bauchentscheidung und auch keine reine rationale Entscheidung propagiert werden. Das wäre auch völlig irrational und gegen die „natürlich" ablaufenden Entscheidungsprozesse. Zentral ist es, bei einer so weitreichenden Entscheidung wie einer Personaleinstellung beide Seiten, die rationale und die intuitive, intensiv zu nutzen und das Bauchgefühl transparent zu machen sowie mehrere Bäuche zu beteiligen.

Zu der (wichtigen) Frage, ob die „Chemie" zwischen dem Interviewer und dem Bewerber stimmt, kann man sich noch fragen, ob zusätzlich dazu auch noch die „Physik" stimmt. Würde man sich rein auf den Bauch und den ersten Eindruck verlassen, könnte man sich konsequenterweise das Gespräch sparen. Den ersten Eindruck oder ein Gespür für Sympathie, „Chemie" etc. erhält man auch beim Kaffeetrinken, Essengehen etc. Wer also das reine Vorgehen nach dem Gefühl propagiert, verzichtet besser auf das Gespräch, das ja dann nur eine Alibifunktion hat, und spart sich besser die Zeit.

12.3 Vorgehen bei der Auswertung

Bedeutsam ist die Passung des Bewerbers, das heißt, dass wir an dieser Stelle die fachliche Eignung nicht in Betracht ziehen. Diese kann in der Regel sowieso nur die jeweilige Fachabteilung hinreichend genau einschätzen. Eine erste Auswertung des Interviews kann darin bestehen, dass man das nachfolgende, in Kap. 5 schon vorgestellte Schema durchgeht und sich dabei fragt, ob man nach dem Gespräch den Eindruck hat, ob der Bewerber überhaupt konkrete Vorstellungen von der zukünftigen Tätigkeit vermitteln konnte. Wenn er keine konkreten Vorstellungen dazu vermitteln konnte, ist die Frage der Passung natürlich nicht zu beantworten und die Personalentscheidung wird zum Glücksspiel. Hat der Bewerber dagegen konkrete Vorstellungen, so ist es möglich, die Passung der Vorstellungen zu der zu besetzenden Stelle zu beurteilen.

Wenn ein Bewerber keine konkreten Vorstellungen vermitteln konnte, so kann dies an mehreren Faktoren liegen. Es kann erstens daran liegen, dass er tatsächlich keine konkreten Vorstellungen hat. Zweitens daran, das er zwar konkrete Vorstellungen hat, diese aber nicht äußert. Drittens kann es daran liegen, dass es der Interviewer dem Bewerber durch seinen Gesprächsstil erschwert, sich konkret zu äußern. Entsteht im Gespräch der Eindruck, dass der Grund für die unzureichende Vermittlung der Vorstellungen eher daran liegt, dass der Bewerber zwar konkrete Vorstellungen hat, diese aber (aus welchen Gründen auch immer) nicht äußert, so kann man dies im Gespräch auch ansprechen und dem Bewerber signalisieren: „Wenn Sie weiter so unkonkret antworten, sind Sie aus dem Rennen, Sie haben aber jetzt noch die Chance, Ihr Antwortverhalten zu ändern."

In einer weiteren Analysestufe kann man sich dann die Fragen in Abb. 12.1 stellen.

Noch eine Stufe tiefer gehend kann man sich die Frage stellen, wie sich die Vorstellungen des Bewerbers zu den Faktoren der Arbeitszufriedenheit mit den Verhältnissen in dem jeweiligen Bereich decken beziehungsweise worin sie sich unterscheiden (vgl. Kap. 9, Abschn. 9.3).

Auswertung des Interviews

Konkretheit:

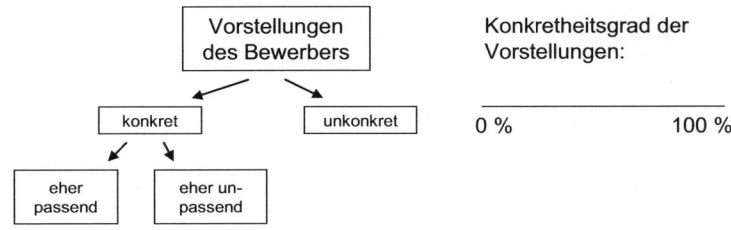

Soll ein passender oder ein unpassender Bewerber ausgewählt werden (Perpetuierung oder Veränderung)?

In welchen Bereichen liegen gute Passungen vor?

In welchen Bereichen liegen geringe Passungen/Widersprüche vor?

In welchem Bereich sind am Wahrscheinlichsten Konflikte zu erwarten?

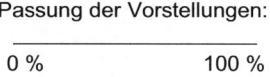

Abb. 12.1 Auswertung des Interviews

12.4 Dynamik in Entscheidergruppen

Aus den verschiedensten Gründen (Aufmerksamkeitsspanne, Entdecken von Nicht-Information, Generierung von Fragen etc.) ist es wichtig, ein Vorstellungsgespräch arbeitgeberseitig mit mindestens zwei, besser noch drei oder mehr Interviewern zu führen. Dieses Vorgehen hat fast nur Vorteile, kann jedoch bei der Auswertung auch zu Nachteilen führen. Wenn es nämlich um die Auswertung des Interviews in Form eines Gespräches geht, kann es dabei sehr schnell zu gruppendynamischen Effekten kommen, die oftmals nicht unähnlich einer Assessment-Center-Situation sein können, in der dann die Interviewer die Teilnehmer darstellen. Der „Asch-Effekt" (Asch 1956) (siehe Abb. 12.2) ist

12.4 Dynamik in Entscheidergruppen

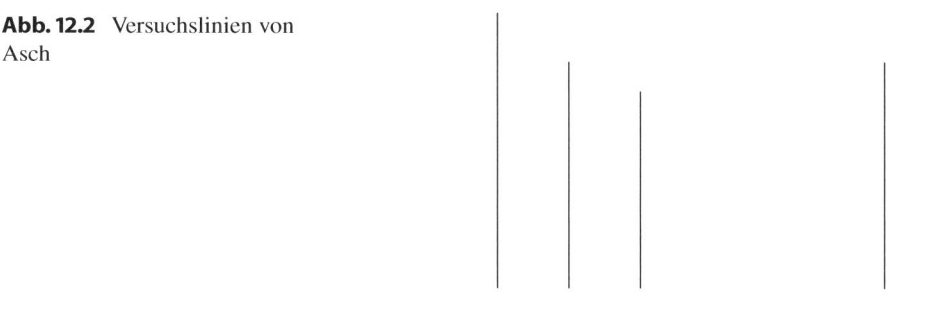

Abb. 12.2 Versuchslinien von Asch

einer der bekanntesten und gefährlichsten Effekte. Der Name „Asch-Effekt" geht auf den amerikanischen Sozialpsychologen Solomon Asch zurück, der sich mit Forschung zum Thema Konformität beschäftigt hat. Eine typische Versuchsanordnung wird nachfolgend beschrieben. Probanden werden drei Linien und eine Vergleichslinie dargeboten. Diese haben dann die Aufgabe, zu entscheiden, welche der drei Linien genauso lang ist wie die Vergleichslinie. Die Längen der Linien sind dabei so gewählt, dass 95 % der Probanden die Zuordnung richtig treffen können. Diese Versuche finden individuell statt.

In einer zweiten Versuchsreihe werden diese Zuordnungsversuche nun in einer Gruppe durchgeführt. Die Probanden wissen dabei nicht, dass sich in dieser Gruppe nur eine einzige echte Versuchsperson befindet. Diese wird so platziert, dass sie immer die sechste von sieben Personen ist, die ihre Einschätzung abgeben (siehe Abb. 12.3). Die anderen Probanden sind Helfer des Versuchsleiters.

In den Versuchen geben nun die ersten fünf „Probanden" einstimmig eine falsche Vergleichslinie an. Die Zuordnungen, die die echten Probanden, die an sechster Stelle ihre Vergleichslinie angaben, sind unter dieser Versuchsbedingung verblüffend (siehe Abb. 12.4). Nur noch 25 % der echten Probanden geben die richtige Vergleichslinie an, die anderen 70 % passen sich den falschen Urteilen der vermeintlichen anderen Probanden an, obwohl „eigentlich" 95 % der Probanden die richtige Lösung erkennen konnten. Die 70 % der Probanden, die ihre Schätzung den Urteilen der unechten Probanden anpassen, handeln aufgrund des Konformitätsdrucks, der durch die vorhergehenden falschen Zuordnungen entsteht.

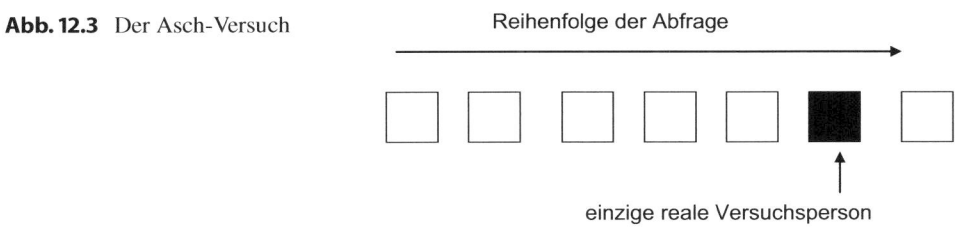

Abb. 12.3 Der Asch-Versuch

Abb. 12.4 Veränderung der „Wahrnehmung"

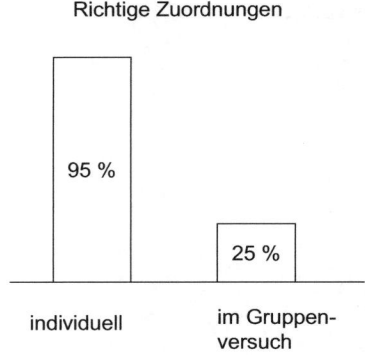

Diese Ergebnisse konnten über Jahrzehnte immer wieder repliziert werden. Wie lässt sich dieser Effekt erklären? Natürlich wollen die Probanden richtig antworten. Aber welche Maßstäbe gibt es für die Richtigkeit der Antwort? Ein Maßstab ist natürlich die eigene Wahrnehmung, ein anderer Maßstab sind aber auch noch die Urteile der anderen Probanden. Die daraus resultierende „Gesamtrichtigkeit" ist in der Regel eine Mischung aus beiden Maßstäben. Der Asch-Effekt wirkt selbst bei eindeutigen geometrischen Formen. Bei der weitaus komplexeren und sehr viel schwerer (bei abgelehnten Bewerbern gar nicht) an der „Realität" prüfbaren Beurteilung der Frage der Passung eines Bewerbers ist er noch wesentlich deutlicher ausgeprägt. Daher ist es bei der Auswertung eines Interviews beziehungsweise bei der abschließenden Diskussion mehrerer Bewerber ungünstig, die Diskussion unstrukturiert zu führen, indem jeder einfach sagt, was er denkt. Eine solche Diskussion würde dem Vorgehen in den Asch-Experimenten ähneln und die dabei auftretenden Konformitätseffekte könnten wirksam werden. Man braucht übrigens keine sechs vorangehenden (Fehl-)Urteile, es reichen auch weniger Personen, die ein (Fehl-)Urteil abgeben, sofern sie entweder einen hohen hierarchischen Status haben oder sofern ihnen ein Expertenstatus zugesprochen wird. Solche Konstellationen finden sich bekanntlich oft, wenn es um Einstellungsentscheidungen geht.

Wenn man daher die positiven Effekte mehrerer Beurteiler und Entscheider nutzen möchte und die Nachteile dabei vermeiden möchte, sollte man bei der Auswertung so vorgehen, dass jeder der Beurteiler zunächst seine Beurteilung *individuell* vornimmt und dass diese individuell getroffenen Beurteilungen dann kollektiv transparent gemacht und dann diskutiert werden.

Ein weiterer wichtiger, in Entscheidergruppen auftretender Effekt ist das so genannte „Risikoschubphänomen". Gruppen entscheiden in der Regel riskanter als Einzelpersonen, da Risikofreude ein allgemein positiv besetzter Wert ist und bei einer Gruppenentscheidung die Verantwortung für einen Fehlschlag auf alle Gruppenmitglieder verteilt ist und nicht einer einzelnen Person zugerechnet werden kann. Was bedeutet diese Erkenntnis aus der Sozialpsychologie für die Auswertung eines Vorstellungsgespräches? Es gibt immer wieder „wacklige" Kandidaten, bei denen man sich nicht so ganz sicher ist, ob sie für die ausgeschriebene Stelle geeignet sind. Je mehr Personen an einer Entscheidung beteiligt sind, desto riskanter, also eher zu Gunsten des „wackligen" Bewerbers, wird die Entscheidung ausfallen. Um dies zu verhindern, sollte der Beitrag der einzelnen Entscheider transparent gemacht und gegebenenfalls schriftlich dokumentiert werden, wer sein Veto eingelegt hat beziehungsweise wer Bedenken angemeldet hat. Dieses Verfahren hilft dabei, das Risiko von Gruppenentscheidungen zu begrenzen.

Literatur

Asch, S. E. (1956). Studies of indipendence and conformity: A minority of one against a unanimous majority. *Psychological Monographs*, *70*(9), 1–70.

Training des Interviewerverhaltens 13

13.1 Schriftliche Übungen

Eine Möglichkeit, das Interviewerverhalten systematisch zu trainieren, ist das Bearbeiten der in Kap. 16 dargestellten schriftlichen Übungen. Dieser Übungseffekt kann noch dadurch gesteigert werden, dass man die dargestellten Beispiele durch die in realen Vorstellungsgesprächen erlebten Situationen ergänzt.

13.2 Praktische Übungen

Um den in Kap. 5 beschriebenen Mikroprozess zu trainieren, kann man CDs zum Thema Bewerbungsgespräche auswerten, in denen die „richtigen" Bewerberantworten auf die Arbeitgeberfragen vorgespielt werden. Sie können kann dabei versuchen, die vorgeschlagene Antwort sensorisch genau zu rekapitulieren, und den Erfolg dabei überprüfen, indem sie die CD zurückspulen. Als Zusatzeffekt prägt man sich dabei auch noch sehr leicht die üblichen Schlagworte und Worthülsen ein. Das Gleiche können Sie mit einer Videoaufnahme machen, man drückt einfach auf „Stopp" und versucht, die letzten Sätze sensorisch genau zu rekapitulieren. Eine Überprüfung ist auch wieder durch einfaches Zurückspulen möglich. Der Vorteil von CDs oder Videosequenzen ist, dass Sie sehr nahe an der Interviewsituation sind, da man gezwungen ist, genau zuzuhören.

Es ist sehr sinnvoll, dass man sich einige Bewerberratgeber kauft und sich damit ein Stück weit in die (Schein-)Welt der Bewerberratgeber, Bewerbertrainings und der Standardantworten hineindenkt. Dadurch wird es leichter, die üblichen zu hinterfragenden Sprechblasen und Schlagworte zu erkennen.

Das jeweilige Frageverhalten kann auch in Form von Rollenspielen trainiert werden. Bei diesem „Trockentraining" nimmt ein Teilnehmer die Rolle des Bewerbers ein und ein Teilnehmer die Rolle des Interviewers. Zusätzlich können noch andere Teilnehmer als Beobachter fungieren. Diese Konstellation hat den Vorteil, dass der fiktive Bewerber nach dem Interview die Wahrnehmung des Gespräches aus seiner Sicht beschreiben kann, was bei realen Bewerbern nicht möglich ist. In dieser Rollenspielkonstellation ist es auch möglich, dass das fiktive Bewerbungsgespräch auf Video aufgenommen wird und der Interviewer die direkteste Form der Rückmeldung dadurch erhält, dass er sich selber im Gespräch sehen kann. Eine Videoaufnahme während eines realen Vorstellungsgespräches wird dagegen, wenn überhaupt, nur in Ausnahmefällen und dann auch nur mit Zustimmung des Bewerbers möglich sein. Die Videoaufnahme erlaubt es auch, bestimmte Szenen mehrmals zu wiederholen sowie die Sequenzen an geeigneten Stellen zu unterbrechen und alternative Verhaltensmöglichkeiten zu erarbeiten.

13.3 Supervision und Rückmeldung

Wie in Kap. 2 dargestellt, wird die Validität des Interviews gesteigert, wenn mehrere Beurteiler an dem Gespräch teilnehmen. Diese Konstellation kann zusätzlich optimal dafür genutzt werden, dass ein Interviewer federführend das Gespräch gestaltet und ein anderer Interviewer nur am Rande oder gar nicht in das Gespräch eingreift und dagegen seine Aufmerksamkeit hauptsächlich auf den Interviewer richtet (siehe Abb. 13.1). Er kann dem Interviewer später Feedback über dessen Gesprächsverhalten geben, indem er zum Beispiel die Formulierung einzelner Fragen protokolliert.

Die spätere Rückmeldung an den Interviewer kann zum Beispiel mit Hilfe des in Abb. 13.2 gezeigten Formblattes erfolgen. Wird eine solche kollegiale Supervision eingesetzt, ist es dabei natürlich wichtig, dass dies nicht als eine Kontrolle oder Leistungsbewertung des Interviewers aufgefasst wird, sondern als eine Hilfe, die eigene Arbeit durch das systematische Einholen von Rückmeldungen zu verbessern.

Abb. 13.1 Konstellation bei der kollegialen Supervision

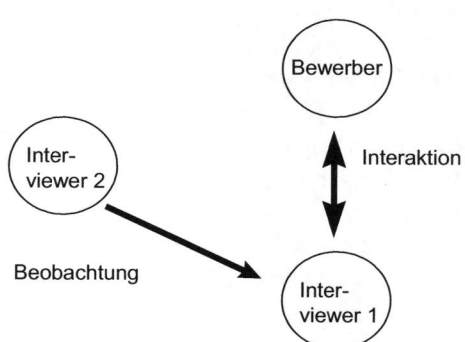

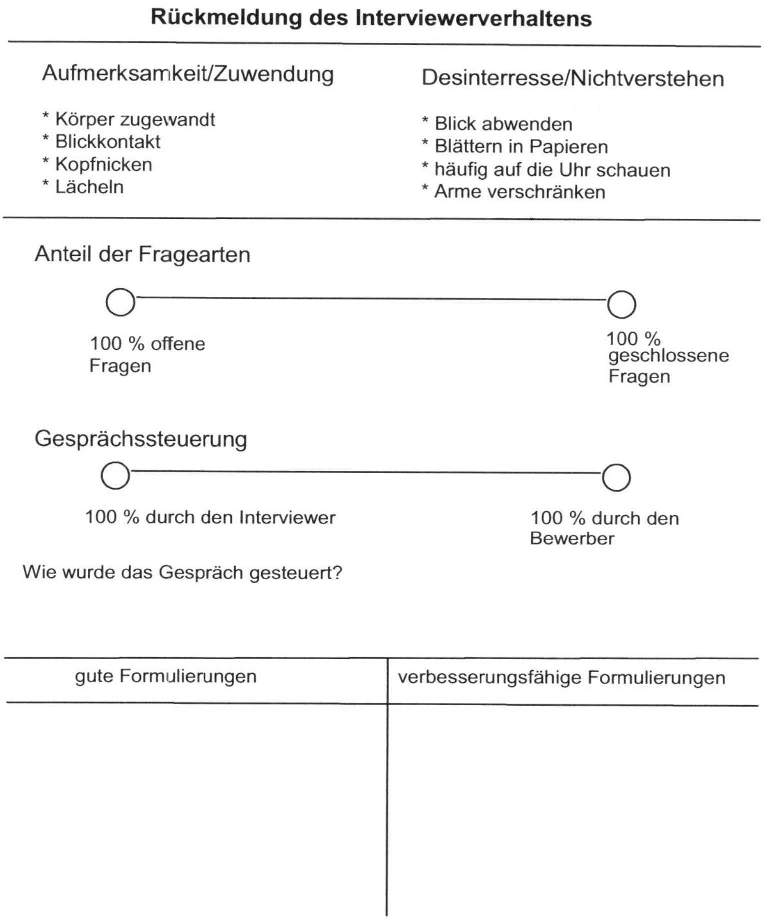

13.4 Lernprinzipien

Rückmeldung des Interviewerverhaltens

Aufmerksamkeit/Zuwendung	Desinteresse/Nichtverstehen
* Körper zugewandt * Blickkontakt * Kopfnicken * Lächeln	* Blick abwenden * Blättern in Papieren * häufig auf die Uhr schauen * Arme verschränken

Anteil der Fragearten

O————————————————O
100 % offene Fragen   100 % geschlossene Fragen

Gesprächssteuerung

O————————————————O
100 % durch den Interviewer   100 % durch den Bewerber

Wie wurde das Gespräch gesteuert?

gute Formulierungen	verbesserungsfähige Formulierungen

Abb. 13.2 Beobachtungsblatt zur Rückmeldung des Interviewerverhaltens

13.4 Lernprinzipien

In diesem Abschnitt werden Gesetzmäßigkeiten des Verhaltenlernens beschrieben, die für jede Art der Verhaltensänderung gelten und auch beim Training des Interviewerverhaltens beachtet werden sollten.

13.4.1 Schritt für Schritt vorgehen

In den vorangegangenen Kapiteln wurden verschiedene Techniken dargestellt, die zu einer Erhöhung der Validität des Interviews beitragen können. Würde man versuchen, alle beschriebenen Techniken gleichzeitig anzuwenden, so erzeugte dies sicherlich mehr Verwirrung, als es nützte. Daher ist es sinnvoller, sich jeweils nur auf einen speziellen Aspekt der Gesprächsführung zu konzentrieren.

13.4.2 Von der seriellen zur parallelen Informationsverarbeitung

Unser Gehirn kann ähnlich einem Computer Informationen parallel oder seriell verarbeiten. In verschiedenen Phasen des Erwerbs neuer Verhaltensweisen erfolgt die Informationsverarbeitung dabei unterschiedlich.

13.4.2.1 Serielle Informationsverarbeitung

Am Anfang des Verhaltenslernprozesses ist eine serielle Informationsverarbeitung nötig. Das heißt, man muss sich in einer Situation ganz auf einen Aspekt (die gewünschte neue Verhaltensweise) konzentrieren. Ein großer Teil der geistigen Kapazität wird für die bewusste Steuerung gebraucht. Der Begriff „seriell" beschreibt dabei die Tatsache, dass man sich verschiedene Informationen nur in Serie, d. h., nacheinander behalten kann. Das Motto der seriellen Informationsverarbeitung ist „eines nach dem anderen".

Wenn Sie nur wenig Übung mit den in diesem Buch beschriebenen Techniken haben, so können Sie sich zum Beispiel während des Vorstellungsgespräches nicht gleichzeitig voll auf das Generieren von Fragen und auf die Antworten des Bewerbers konzentrieren, es ist nur für eine Aktivität geistige Kapazität vorhanden. Die serielle Informationsverarbeitung ist der willentlich kontrollierte Teil des Verhaltens, der natürlich einer relativ großen Aufmerksamkeitskapazität bedarf. Man kann sich die Arbeit dadurch erleichtern, dass man im Vorfeld einige zentrale Fragen formuliert und diese schriftlich fixiert.

13.4.2.2 Parallele Informationsverarbeitung

Nach einiger Zeit der Übung kann dann die Informationsverarbeitung parallel erfolgen, d. h., man kann mehrere Dinge gleichzeitig tun und braucht nur noch wenig gedankliche Kapazität für die bewusste Ausführung des Zielverhaltens, Sie konzentrieren sich dann voll auf die Situation. Im Gegensatz zur seriellen Verarbeitung ist es bei der parallelen Verarbeitung möglich, zwei oder mehrere Dinge gleichzeitig, parallel ablaufend, zu tun. Zum Beispiel können Sie dann während des Gespräches gleichzeitig Fragen generieren und die Antworten des Bewerbers konzentriert mitverfolgen. Durch Übung wird der anfänglich aufmerksamkeitsverschlingende serielle Kontroll- und Veränderungsprozess zunehmend automatisiert und der Teil der dazu notwendigen Aufmerksamkeit zunehmend geringer.

Dieser Prozess von der seriellen hin zur parallelen Verarbeitung läuft immer ab, wenn wir neue Verhaltensweisen lernen, zum Beispiel wenn wir lernen, in England Auto zu fahren oder uns mit der linken Hand die Zähne zu putzen. Er braucht am Anfang unsere ganze Aufmerksamkeitskapazität, nach einiger Zeit geht alles ganz automatisch.

13.5 Beobachtungsblatt: Rückmeldung des Interviewerverhaltens

Das in Abb. 13.2 abgebildete Beobachtungsblatt hat sich in der Praxis für Aufgabenstellungen bewährt, bei denen es darum geht, von einem Kollegen ein strukturiertes Feedback zum eigenen Interviewerverhalten zu erhalten.

Bauch- oder Kopfentscheidungen 14

14.1 Rationale Entscheidungen und Bauchentscheidungen

Bei allen Entscheidungen des täglichen Lebens spielen rationale und irrationale Elemente eine Rolle. Kahneman (2012) beschreibt diese verschiedenen Arten der Entscheidung. Er nennt den rationalen Teil einer Entscheidungsfindung „System 2 (langsames Denken)", den „irrationalen" Teil nennt er „System 1 (schnelles Denken)". Für seine Forschungen erhielt er den Nobelpreis. Bei Personalentscheidungen ist das Verhältnis „rationaler" und „irrationaler" Entscheidungen natürlich besonders relevant.

Man kann sehr gut erkennen, wenn in einer Diskussion über die Passung eines Bewerbers plötzlich das System im kahnemanschen Sinne gewechselt wird. Der Bewerber wird dann beschrieben mit Aussagen wie: „Die Chemie stimmt/stimmt nicht", „Der Bewerber war sympathisch/unsympathisch", „Zwischenmenschlich erscheint mir der Bewerber problematisch", „Der Bewerber ist zwar fachlich geeignet, aber menschlich bestehen Bedenken" etc. Solche Aussagen sind Indikatoren dafür, dass die Ebene der rein sachlichen, rationalen Analyse verlassen wird und die Entscheidung auf eine andere Ebene verlagert wird, eine eher intuitive, „irrationale" Entscheidung, eine Bauchentscheidung oder wie man sie auch immer nennen will. Diese Ebene ist jedoch nicht wirklich „irrational", die Entscheidungen, die auf dieser Ebene getroffen werden, sind durchaus logisch und sehr gut beschreib- beziehungsweise vorhersagbar. Die ihr zugrunde liegende Logik ist jedoch nicht die formale und verbale Logik, sondern eher eine Psycho-Logik. Der Begriff der „Chemie" ist dabei gar nicht so schlecht gewählt. Man kann die psychologischen Eigenheiten einer Person genau so beschreiben, wie man die chemischen Elemente im Periodensystem der chemischen Elemente beschreiben kann und man kann auch die Reaktion beschreiben, die entsteht, wenn verschiedene dieser Elemente aufeinandertreffen, ganz analog zu der Reaktion chemischer Elemente. Die Elemente, die bei der interaktionellen „Chemie" eine Rolle spielen, sind dabei die jeweiligen Verhaltensstile der beteiligten Personen.

14.2 Was ist ein Verhaltensstil?

Wir alle verfügen grundsätzlich über eine ganze Bandbreite an Verhaltensweisen, die wir in verschiedenen Situationen möglichst angemessen einsetzen können. In aller Regel wählen wir unser Verhalten in bestimmten Situationen jedoch nicht völlig flexibel aus, sondern wir haben spezielle Verhaltensgewohnheiten, die uns in vielen Situationen die Entscheidung abnehmen, wie wir reagieren sollen. Es wäre fatal, wenn wir in jeder Situation ständig neu überlegen müssten, wie wir handeln sollen. Deshalb ist es aus rein ökonomischen Überlegungen heraus sehr effizient, über Handlungsroutinen zu verfügen, die in verschiedenen Situationen „automatisch" eingesetzt werden können. Wenn solche Verhaltensgewohnheiten über eine große Menge an Situationen ablaufen, kann man von einem Verhaltensstil sprechen. Es handelt sich also um situationsübergreifende Verhaltensweisen, die man, sofern man die Person und die Situation kennt, relativ gut vorhersagen kann. Nachfolgend soll es um Verhaltens- und Kommunikationsstile gehen, die „typisch" für eine Person sind, also von der Person in vielen Situationen eingesetzt werden, insbesondere in Situationen, in denen es für die Person kritisch wird. Es gibt insgesamt sieben dieser nicht-klinischen Verhaltensstile, diese sind: der genaue Stil, der selbstbezogene Stil, der kritische Stil, der dramatisierende Stil, der rational-distanzierte Stil, der kritische Stil und der zurückhaltende Stil.

Man benötigt in verschiedenen Situationen alle der nachfolgend beschriebenen Verhaltensweisen (siehe auch Abb. 14.1). Wenn man die Steuererklärung macht, ist es gut, sehr

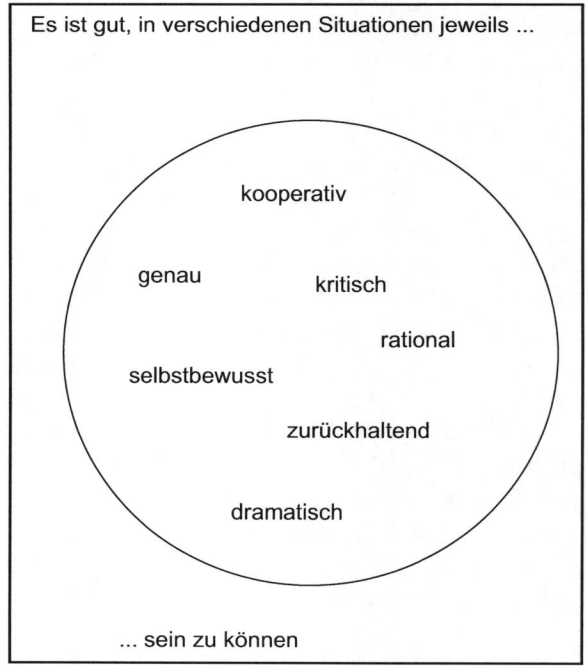

Abb. 14.1 Flexibilität von Verhalten

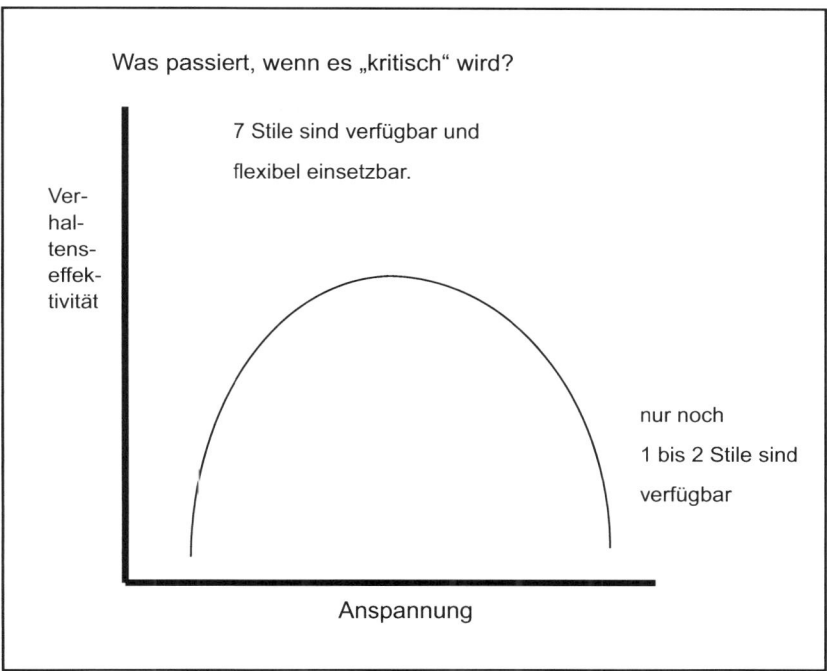

Abb. 14.2 Einengung der Stile bei Stress

genau zu sein, in einer Partnerschaft ist es gut, anhänglich zu sein, in einem Vorstellungsgespräch ist es gut, selbstbewusst zu sein, bei einer größeren Kaufentscheidung ist es gut, sehr kritisch zu sein, auf einer Party ist es gut, kontaktfreudig zu sein und bei der Berufswahl ist es gut, sehr selbstkritisch zu sein. Daher gibt es natürlich keinen „richtigen" und keinen „falschen" Verhaltens- und Kommunikationsstil. Alle haben in verschiedenen Situationen ihre Berechtigung und es ist wichtig, über alle Verhaltensweisen zu verfügen, die Situation richtig einzusetzen und die passende Verhaltensweise zu finden und diese auszuführen.

Im Normalbereich der Anspannung verfügen wir in der Regel über alle sieben Verhaltensweisen. Sobald wir jedoch angespannt sind, unter Druck geraten etc. wird unser Verhalten unflexibler. Wir haben dann nur noch Zugriff auf einen, maximal zwei Verhaltensstile (siehe Abb. 14.2).

14.3 Kurzbeschreibung der Stile – „chemische Elemente"

Nachfolgend werden die oben nur überblicksartig erwähnten Stile etwas detaillierter beschrieben. Die Systematik stammt dabei aus der „International Statistical Classification of Diseases and Related Health Problems" (ICD) (Deutsches Institut für Medizinische

Dokumentation und Information 2014), das die Weltgesundheitsorganisation (WHO) herausgibt, beziehungsweise dem „Diagnostic and Statistical Manual of Mental Disorders" (DSM) (Saß et al. 2003), das von der amerikanischen Psychologenvereinigung herausgegeben wird und welches das ICD im Bereich der Psychologie näher präzisiert. Eine umfassende Darstellung dazu findet sich bei Hofmann (2011).

Selbstbezogener Stil
(selbstbewusst, sich selbst beweisend, im Extremfall: narzisstisch)

Diese Menschen stehen gerne im Mittelpunkt der öffentlichen und privaten Welt. Sie glauben intensiv an sich und ihre Fähigkeiten, sie wissen genau was sie wollen. Sie verkaufen sich und ihre Ideen energisch und effizient. Sie erwarten, dass sie von anderen Menschen immer besonders gut behandelt werden. Sie sind geschickt im Umgang mit anderen Menschen und beweisen dabei taktisches Gespür. Sie sind empfänglich für Lob und Bewunderung. Bei Kritik fühlen sie sich tief getroffen und reagieren dabei oft aggressiv. Selbstbezogene Menschen haben im Extremfall ein grandioses Gefühl von der Bedeutung der eigenen Person.

Dramatisierender Stil
(kontaktfreudig, expressiv, emotional, im Extremfall: histrionisch)

Dramatisierende Menschen sind Gefühlsmenschen und leben in einer Welt voller Farben und Intensität. Sie sind empfindungsorientiert und zeigen ihre Gefühle offen, wechseln schnell von Stimmung zu Stimmung, neigen zu spontanem und impulsivem Verhalten und nutzen den Augenblick. Für Menschen mit diesem Stil ist das Leben nie langweilig, sie füllen ihre Welt mit Aufregung und Phantasie. Sie betrachten die ganze Welt als ihre Bühne, sie möchten gesehen werden und brauchen Aufmerksamkeit. Im Extremfall fühlt sich die Person in Situationen unwohl, in denen sie nicht im Mittelpunkt steht.

Gewissenhafter Stil
(genau, gewissenhaft, kontrollierend, im Extremfall: zwanghaft)

Menschen mit einem gewissenhaften Stil haben starke Überzeugungen und Prinzipien. Sie zeigen ein hartes Arbeitsverhalten und den Willen, das Richtige zu tun. Alles muss richtig gemacht werden, wie dies geschieht, weiß ein gewissenhafter Mensch sehr genau. Gewissenhafte Menschen lieben Ordnung, Sauberkeit, Listen, Pläne und gehen ohne viel Diskussion an die Arbeit. Sie sind in allen Lebensbereichen eher behutsam und vorsichtig. Oftmals sammeln und verwahren sie alles Mögliche. Im Extremfall behindert der Perfektionismus jedoch die Aufgabenerfüllung.

Kritischer Stil
(negativistisch, mürrisch, verweigernd, im Extremfall: passiv-aggressiv)

Personen mit einem kritischen Stil verhalten sich in der Kommunikation ähnlich wie Personen mit dem anhänglichen Stil, sie wirken sehr kooperativ. Auf diese kooperativen Worte folgen jedoch keine Taten. Auf der Ebene der Handlungen widersprechen sie manchmal geradezu dem, was sie sagen. Kritik an anderen Personen äußern sie selten offen, sondern bringen diese eher passiv in ihren Handlungen zum Ausdruck. Daher sind diese Personen für ihre Umwelt schlecht einschätzbar. Oftmals lässt auch die Umwelt keine direkte und offene Äußerung von Kritik zu. Im Extremfall stößt man bei Personen mit einem kritischen Stil generell auf (wenn auch verdeckte) Opposition.

Rational-distanzierter Stil
(eigenbrötlerisch, emotionsfrei, im Extremfall: schizoid)

Menschen mit einem rational-distanzierten Stil wollen den Mitmenschen nicht zu nahe kommen. Die Grenzen des eigenen Hoheitsgebietes sind eher nach vorne verlegt, eine unsichtbare Wand sorgt dafür, dass der gebührende Abstand gewahrt bleibt. In der Kommunikation wird Distanz geschaffen, was oft von anderen Menschen als Arroganz missverstanden wird. Im Extremfall wünscht sich die Person nur wenige enge Beziehungen.

Kooperativer Stil
(anhänglich, nachgebend, im Extremfall: dependent)

Kooperative Menschen haben sich ganz den Beziehungen zu für sie relevanten Menschen verschrieben und ihr Leben wird dadurch lebenswert, dass sie sich um andere kümmern. Sie legen höchsten Wert auf dauerhafte Beziehungen, bemühen sich, die Beziehungen aufrecht zu erhalten und sind dabei loyal, hilfsbereit und fürsorglich. Da sie um Harmonie bemüht sind, neigen sie zu höflichem und taktvollem Verhalten, widersprechen wenig und fallen durch besondere Rücksichtnahme auf. Sie ziehen die Gesellschaft anderer Menschen dem Alleinsein vor. Sie möchten eher folgen als führen, sind kooperativ und bemühen sich, ihr Verhalten zu ändern, wenn sie kritisiert werden. Im Extremfall haben Personen mit einem kooperativen Stil Schwierigkeiten damit, eigene Wünsche wahrzunehmen und zu formulieren.

Sensibel-vermeidender Stil
(selbstkritisch, sensibel, zurückhaltend: im Extremfall: selbstunsicher)

Menschen mit einem sensibel-vermeidenden Stil ziehen das Bekannte dem Unbekannten vor und können ihre Fähigkeiten dann entfalten, wenn ihnen die relevanten Menschen dabei vertraut sind. Sensibel-vermeidende Menschen lieben Gewohnheiten und Wiederholungen. Sie sind ihren engen Freunden tief verbunden. Im sozialen Umfeld achten Sie darauf, was andere Personen von ihnen denken, sind umsichtig und taktvoll. Sie verhalten sich liebenswürdig und beherrscht mit taktvoller Zurückhaltung. Situationen, die enge Kontakte, Zurückweisung, Kritik, Nichtzustimmung beinhalten können, werden dagegen oft eher vermieden.

Alle diese Stile sind letztendlich darauf ausgerichtet, das jeweilige zentrale Bedürfnis einer Person zu verfolgen und die jeweilige zentrale Angst der Person zu vermeiden. Die Verhaltenselemente der jeweiligen Stile sind das Produkt dieser Bedürfnisverfolgungs-

Tab. 14.1 Zentrale Ängste und zentrale Bedürfnisse der Stile

Verhaltens- und Kommunikationsstil	Zentrale Angst	Zentrales Bedürfnis
Selbstbezogen	Zweitrangig sein, Anerkennung verlieren	Wertschätzung, Lob, Bewunderung
Dramatisierend	Nichtbeachtetwerden, Ausgeschlossensein	Beachtung, Aufmerksamkeit, Nähe
Gewissenhaft	Kontrollverlust	Kontrolle, Struktur, Klarheit, Vorhersehbarkeit
Rational-distanziert	In Beziehungen zu weit emotional hineingezogen zu werden und dabei die Kontrolle verlieren zu können	Distanz in sozialen Situationen, Selbstkontrolle
Lässig-kritisch	(Gegen-)Aggression, die die Regeln des Miteinanders verletzen würde	Selbstbestimmung, Autonomie
Sensibel-vermeidend	Ablehnung, nicht mehr gemocht werden	Akzeptiertwerden, Angenommensein
Kooperativ	Alleingelassenwerden, Bezugsperson verlieren	Schutz, Zuverlässigkeit, ein Vorbild haben

beziehungsweise Angstvermeidungsstrategien. Die Fokussierung auf die zentrale Angst und das zentrale Bedürfnis stellt das System 1 in der kahnemanschen Diktion dar.

Die zu den jeweiligen Verhaltens- und Kommunikationsstilen gehörigen zentralen Ängste und zentralen Bedürfnisse sind in Tab. 14.1 dargestellt.

14.4 Zwischenmenschliche Konstellationen – „chemische Reaktionen"

Was passiert nun, wenn zwei Menschen aufeinandertreffen? Auf einer eher „unbewussten" Ebene (System 1) werden beide Personen versuchen, die jeweils andere Person bezüglich ihres Potenzials einzuschätzen:

- das jeweilige eigene zentrale Bedürfnis zu unterstützen,
- die jeweilige eigene zentrale Angst zu aktivieren.

Das Ergebnis dieser eher „unbewussten" Bewertung ist eben die Chemie, das Bauchgefühl oder wie man es auch immer nennt.

Eine schwierige zwischenmenschliche Konstellation entsteht dadurch, dass bei der Verfolgung des zentralen Bedürfnisses der einen Person die zentrale Angst der anderen Person aktiviert wird (siehe Abb. 14.3). Besitzen beispielsweise beide Personen einen selbstbezogenen Verhaltens- und Kommunikationsstil, so haben beide das zentrale Bedürfnis,

14.4 Zwischenmenschliche Konstellationen – „chemische Reaktionen"

Abb. 14.3 Konstellation mit sehr hohem Konfliktpotenzial

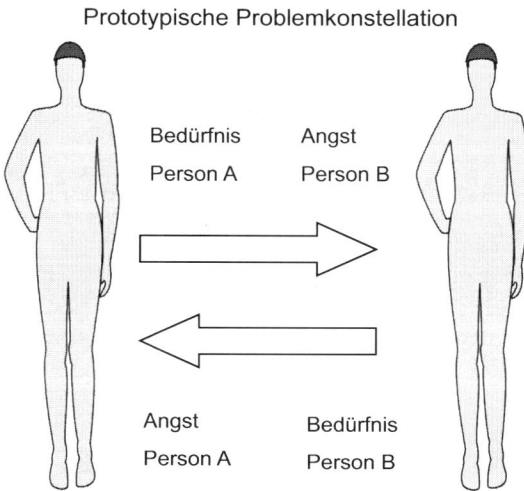

Anerkennung zu erhalten und die zentrale Angst, zweitrangig zu sein. Es wird also in einer entsprechenden Konstellation ständig ein Kampf darum entstehen, wer denn nun „wirklich" erstrangig ist. Gewinnt Person A temporär diesen Kampf, so wird dadurch bei Person B die zentrale Angst, nämlich zweitrangig zu sein, aktiviert und umgekehrt. Solche Konstellationen sind praktisch von vornherein zum Scheitern verurteilt. Ähnlich verhält es ich zum Beispiel auch dann, wenn zwei Menschen mit einem eher dramatisierenden Stil um die Aufmerksamkeit kämpfen, es kann nur jeweils eine Person im Mittelpunkt stehen. Die Verfolgung des zentralen Bedürfnisses der einen Person (Aufmerksamkeit erringen) wird dann automatisch die zentrale Angst der anderen Person (nicht bemerkt zu werden) aktivieren. Eine solche Konstellation ist daher maximal unproduktiv und wird mit sehr hoher Wahrscheinlichkeit zu absehbaren Konflikten führen.

Im Vorstellungsgespräch werden durch das System 1 Abschätzungen für das Auftreten solcher schwierigen Konstellationen ständig „unbewusst", „instinktiv", „implizit" vorgenommen.

Wenn man sich nun vor dem Hintergrund der oben beschriebenen Verhaltensstile die prinzipiell möglichen Konstellationen ansieht, so kann jede der an einer Zweierkonstellation beteiligten Personen jeweils einen der sieben Stile in kritischen Situationen zeigen. Abb. 14.4 zeigt alle Zweierkonstellationen, die demnach also möglich sind:

Immer dann, wenn Konstellationen auftreten, in denen zentrale Ängste und zentrale Bedürfnisse eine große Rolle spielen, kommt etwas „in Resonanz", die verbal-rationale Seite des Gespräches verliert dann an Gewicht und die eher „irrationale" Seite der jeweiligen Konstellation dominiert dann das Geschehen sowie die nachfolgende Entscheidung.

Abb. 14.4 Mögliche Zweierkonstellationen

Person 1	Person 2
gewissenhaft	gewissenhaft
kooperativ	kooperativ
rational-distanziert	rational-distanziert
vermeidend	vermeidend
selbstbezogen	selbstbezogen
dramatisierend	dramatisierend
lässig-kritisch	lässig-kritisch

14.5 Welche Konsequenzen ergeben sich daraus?

Man muss diesen parallel zum verbal-rationalen Aspekt (System 2) des Vorstellungsgespräches ablaufenden, eher „irrationalen" Prozess (System 1) zunächst kennen und wissen, was dabei passiert, dann kann man verschiedene, sonst eher nicht interpretierbare Situationen besser einschätzen.

Als Beteiligter in einer Zweierkonstellation:
Sofern man sich selbst in einer Zweierkonstellation befindet und den Drang verspürt, die verbal-rationale Seite des Gespräches zu relativieren, ist offensichtlich bei einem selbst etwas in Resonanz geraten. Man sollte dies wahrnehmen und es als Anlass nehmen, bei sich selbst zu prüfen, welche zentrale Angst durch den Bewerber aktiviert wurde oder welches zentrale Bedürfnis durch den Bewerber bedroht wurde. Dies sollte man bei künftigen Gesprächen im Hinterkopf behalten. Bis zu einem gewissen Grad ist auch eine Selbstanalyse und Selbstreflexion mittels Literatur möglich. Dieses Ziel verfolgt zum Beispiel das Buch „Verhaltens- und Kommunikationsstile erkennen und optimieren" (Hofmann 2011). Man wird jedoch die „irrationale" Ebene nicht komplett ausblenden oder relativieren können. Das muss auch gar nicht sein, es reicht völlig aus, diese zweite Ebene auf einem Level kommunizier- und diskutierbar zu machen, der tiefer geht als der reine Verweis auf die gestörte „Chemie".

Als „Beobachter" einer Personaldiskussion:
Als Personaler ist man oft auch Zeuge von Diskussionen über Personal, man hat dabei oftmals die Rolle eines „Beobachters", wenn sich zum Beispiel Vorgesetzte über den Bewerber unterhalten. Über „irrationale" Wendungen bei der Diskussion um Personalentscheidungen darf man sich nicht wundern und diese gewissermaßen als einen Betriebsunfall der rationalen Entscheidungsfindung ansehen. Man sollte diese dagegen eher als (meist ungewollte) Selbstoffenbarung der an der Diskussion beteiligten Personen nutzen. Diese geben damit zu erkennen, dass in der jeweiligen Konstellation etwas „in Resonanz" geraten ist, das nur zu 50 Prozent durch den Bewerber verursacht wurde.

14.5 Welche Konsequenzen ergeben sich daraus?

Wenn zum Beispiel bei einem Vorgesetzten eine solche Resonanz entsteht, kann man als Personaler dabei viel über den Vorgesetzten und dessen „wahre" Anforderungen an einen Mitarbeiter erfahren. Ein solches Gespräch war dann auf jeden Fall diagnostisch wertvoll (wenn auch nicht so sehr auf den Bewerber, sondern eher auf den Vorgesetzten bezogen). Jede Diskussion, die scheinbar ein Feedback über den Bewerber beinhaltet, ist immer auch ein reflexives Feedback über denjenigen, der dieses Feedback formuliert, da er sein Feedback hauptsächlich auf der Aktivität seines Systems 1 formulieren wird.

„Schmidt sucht Schmidtchen":

Wenn man sich Mitarbeiter aussucht, verfährt man oft implizit nach der Strategie „Schmidt sucht Schmidtchen", man sucht sich also Leute aus, die ähnlich sind wie man selbst ist (gleicher Verhaltensstil), die aber eine Nummer kleiner sind als man selbst, d. h., die einem möglichst nicht gefährlich werden können, indem sie die eigene Position beanspruchen könnten. Diese eher unbewusste Strategie kommt jedoch sehr schnell an die Grenzen, da durchaus auch Personen mit dem gleichen Verhaltensstil wie man selbst die zentrale Angst aktivieren können beziehungsweise das zentrale Bedürfnis bedrohen können. Ein unkritisches Verlassen auf das „Bauchgefühl" ist also nicht ratsam. Eine bessere Auswahlstrategie wäre es, sich gezielt Personen mit einem solchen Verhaltensstil auszusuchen, der bewusst anders ist als der eigene, der jedoch zu einer produktiven Konstellation führen würde, oder Personen nur dann mit gleichem Verhaltensstil auszuwählen, wenn diese zu keiner problematischen Konstellation führen.

Ziel der Suche: Konstellation oder Funktion?

Man könnte nun argumentieren, dass ja das Bauchgefühl der beste Indikator für die Qualität einer Beziehung zwischen Vorgesetztem und Bewerber sei und man sich daher am besten komplett auf das Bauchgefühl verlassen sollte. Mit Ausnahme der Probleme bei der „Schmidt-sucht-Schmidtchen"-Strategie könnte dies vielleicht auch tatsächliche kurzfristig erfolgreich sein. Was passiert jedoch bei einem Vorgesetztenwechsel? Die Konstellation ändert sich sehr schnell und es kommt zur Nichtpassung. Daher ist es sinnvoller, die Passung des Bewerbers zur Funktion zumindest mitzubedenken und nicht nur auf die aktuelle und potenziell schnell änderbare interpersonale Konstellation Bewerber-Vorgesetzter zu fokussieren. Hier kommt dem Personaler eine besondere Bedeutung zu. Er muss den Blick auf die Funktion lenken und darf nicht unkritisch den Vorlieben des jeweiligen Vorgesetzten folgen.

Bauch und Gehirn:

Man kann das Bauchgefühl nicht ignorieren, selbst wenn man dies könnte, würde man einen Teil der diagnostischen Information in einem Gespräch verlieren. Das Bauchgefühl bekommt man in einem Gespräch „geschenkt", man wird auch ein Bauchgefühl haben, wenn man mit einem Bewerber nur Kaffee trinkt. Den rationalen Teil der Entscheidung muss man sich erarbeiten, wie in den vergangenen Kapiteln beschrieben, was sicher deutlich aufwändiger ist. Letztendlich braucht man beide Teile und sollte bewusst mit beiden Teilen umgehen. Der „irrationale" Teil sollte, soweit dies möglich ist, auch angesprochen werden.

Literatur

Deutsches Institut für Medizinische Dokumentation und Information (2014). *ICD-10-GM*. Köln.

Hofmann, E. (2011). *Verhaltens- und Kommunikationsstile erkennen und optimieren*. Bern: Huber.

Kahneman, D. (2012). *Schnelles Denken, langsames Denken*. München: Siedler.

Saß, H., Wittchen, H. U., Zaudig, M., & Houben, I. (2003). *Diagnostische Kriterien DSM IV-TR*. Göttingen: Hogrefe.

Zusammenfassung 15

- Stellen Sie möglichst viele offene Fragen. Das gilt besonders am Beginn des Gesprächs.
- Nehmen Sie die Antworten auf die offenen Einstiegsfragen als Material, um neue Fragen zu generieren.
- Hinterfragen Sie die Antworten des Bewerbers prinzipiell.
- Aussagekräftige Antworten erhalten Sie in der Regel erst ab der dritten oder vierten Nachfrageebene.
- Zum Hinterfragen können Sie das Meta-Modell verwenden.
- Gehen Sie davon aus, dass Sie den Sinn einer Bewerberantwort eher nicht verstanden haben.
- Lassen Sie sich dabei nicht von der Tendenz des Gehirns täuschen, aktiv Informationen zu suchen, sondern konzentrieren Sie sich auf die tatsächlichen Antworten des Bewerbers.
- Gehen Sie stattdessen auf die Suche nach *Nicht*-Informationen in den Bewerberantworten.
- Führen Sie das Interview grundsätzlich mit zwei, besser noch mit drei Interviewern.
- Orientieren Sie sich inhaltlich an den vorgestellten Gesprächsmodellen.
- Befragen Sie zuerst den Bewerber und geben Sie erst danach Informationen zum Unternehmen und der zu besetzenden Stelle.
- Verwenden Sie wann immer möglich Assessment-Center-Elemente.
- Achten Sie neben der verbalen Information auch auf die nonverbalen Signale des Bewerbers. Er zeigt Ihnen mit diesen Signalen, wo es sich besonders lohnt, nachzufragen.
- Werten Sie das Interview systematisch aus. Machen Sie dabei das „Bauchgefühl" transparent und stellen Sie diesem die verbalen Äußerungen des Bewerbers zur Seite.
- Entscheiden Sie vorab, ob Sie eine paradoxe Selektionsstrategie anwenden möchten.
- Nutzen Sie die Chance zur „Live-Supervision", indem Sie einen Kollegen bitten, an einem Interview teilzunehmen. Dieser soll sich weniger auf den Bewerber konzentrieren, sondern Ihnen Rückmeldung zu Ihrem Gesprächsverhalten geben.

Übungen und Beispiellösungen

16.1 Aspekte einer Nachricht

Diese Übung dient dem Heraushören der verschiedenen Aspekte einer Mitteilung. Hierfür benötigt man insgesamt zehn Teilnehmer. Man kann die Übung auch mit weniger als zehn Teilnehmern durchführen, dann müssen aber einige Teilnehmer mehrere Aufgaben übernehmen.

Zunächst werden zwei Personen bestimmt, die ein Gespräch über ein beliebiges Thema miteinander führen sollen, diese sitzen sich gegenüber. Hinter der Person A und der Person B sitzen jeweils vier weitere Personen, jede dieser Personen ist für einen Aspekt der Nachricht zuständig (siehe auch Abb. 16.1):

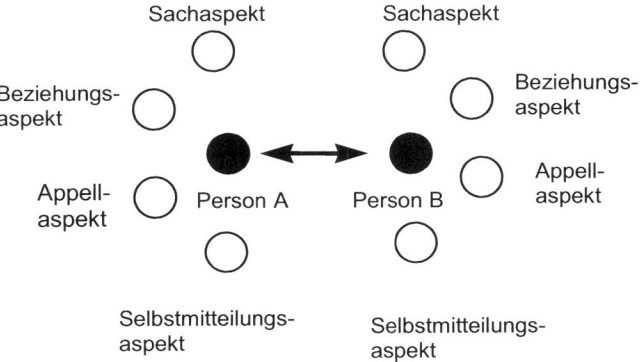

Abb. 16.1 Übung: Aspekte einer Nachricht

- für den Sachaspekt,
- für den Beziehungsaspekt,
- für den Appellaspekt,
- für den Selbstmitteilungsaspekt.

Person A beginnt mit einem Statement. Die vier Personen, die hinter Teilnehmer B stehen, interpretieren das von A Gesagte bezüglich der vier Aspekte der Nachricht, sie benutzen dazu Formulierungen in der wörtlichen Rede. Danach gibt die Person B ihr Statement ab, die Personen hinter A formulieren die vier Aspekte der Nachricht von B usw. Die vier Personen, die hinter A beziehungsweise B stehen, sind gewissermaßen das „Echo" der Mitteilung auf den verschiedenen Ebenen. Auf die Aussage der Person A: „Sag mal, ist noch Kaffee da?", kann folgendes Echo erfolgen:

Echo Sachaspekt B: „Gibt es noch Kaffee?"
Beziehungsaspekt B: „Du hast mir gefälligst Kaffee bereitzustellen."
Appellaspekt B: „Bitte hol mir neuen Kaffee."
Selbstmitteilungsaspekt B: „Ich habe Durst."

16.2 Offene und geschlossene Fragen

Nachfolgend finden Sie einige offene und geschlossene Fragen. Formulieren Sie jeweils in offene beziehungsweise geschlossene Fragen um.

Offen	Geschlossen
Unter welchen Bedingungen können Sie gut arbeiten?	...
Wie verbringen Sie Ihre Freizeit?	...
Wie war das früher?	...
Was erwarten Sie von einem guten Seminar?	...
Wie war das Wochenende?	...
...	Wie viele Stunden arbeiten Sie pro Tag?
...	Wie viele Personen waren anwesend?
...	Stört Sie das Licht?
...	Kommen Sie mit dem PC zurecht?
...	Hat Ihnen die Sendung gefallen?

16.3 Offene Fragen formulieren

Beispiellösung zur Übung „Offene und geschlossene Fragen"

Es handelt sich bei den angegebenen Lösungen nur um Beispiellösungen, auch andere offene und geschlossene Fragen sind natürlich möglich.

Offen	Geschlossen
Unter welchen Bedingungen können Sie gut arbeiten?	**Brauchen Sie Zeitdruck?**
Wie verbringen Sie Ihre Freizeit?	**Machen Sie gerne Sport?**
Wie war das früher?	**War es früher auch so hektisch?**
Was erwarten Sie von einem guten Seminar?	**Muss ein Seminar Übungen enthalten?**
Wie war das Wochenende?	**Haben Sie sich gut erholt?**
Wie gestaltet sich Ihr Tagesablauf?	Wie viele Stunden arbeiten Sie pro Tag?
Wie war die Veranstaltung?	Wie viele Personen waren anwesend?
Wie empfinden Sie die Arbeitsbedingungen?	Stört Sie das Licht?
Wie sind die Arbeitsgeräte?	Kommen Sie mit dem PC zurecht?
Was war für Sie charakteristisch an der Sendung?	Hat Ihnen die Sendung gefallen?

16.3 Offene Fragen formulieren

Die nachfolgenden Fragen stammen zum Teil aus veröffentlichten Interviewleitfäden und sollten in dieser Form zumindest als Einstiegsfrage nicht gestellt werden. Formulieren Sie diese Fragen offen um (vgl. Kap. 3):

> **Beispiel**
> Die Frage, „Welche Fächer haben Sie besonders interessiert?", kann mit kurzen Fakten beantwortet werden (z. B. mit „Mathematik und Physik"). Derselbe Inhalt kann auch mit der wesentlich weiteren Formulierung: „Wie hat sich Ihr Studium gestaltet?", erreicht werden.

- Interessieren Sie sich auch heute noch für diese Fächer?
- Wurden Ihre Erwartungen an die Ausbildung erfüllt?
- Lohnt sich eine Promotion heute noch?
- Wären Sie gerne an der Hochschule geblieben?
- Liegt Ihnen wissenschaftliches Arbeiten?
- Haben Sie Geschwister oder sind Sie ein Einzelkind?
- Welchen Beruf hatte Ihr Vater?
- Ist die Beschäftigung mit Ihrem Hobby sehr zeitintensiv?
- Wo würden Sie heute am liebsten leben?
- Hatten Sie einen eigenen Entscheidungsbereich?

- Hat Ihnen die Tätigkeit gefallen?
- War die Zusammenarbeit mit den Kollegen gut?
- Haben Sie das Aufgabengebiet gewechselt?
- Kommen Sie mit Ihren Mitarbeitern gut aus?
- Lassen Sie Ihren Mitarbeitern Spielraum bei Entscheidungen?
- Wissen Sie, wo wir unsere Betriebsstätten haben?
- Welche Schulen haben Sie besucht?
- Haben Sie eine Universität besucht?
- Welche Position möchten Sie in fünf Jahren haben?
- Halten Sie sich für anpassungsfähig?
- In welchem Ort war Ihre Schule?
- Wie lange waren Sie in der Schule?
- Welche Hobbys haben Sie?
- Macht Ihnen Ihre jetzige Tätigkeit Spaß?
- Werden Sie dabei körperlich gefordert?
- Was sind Ihre Stärken?
- Kennen Sie jemanden, der den gleichen Beruf ausübt?
- Wie kommen Sie zu Ihrer Arbeitsstätte?
- Würden Sie den gleichen Beruf nochmals wählen?
- Was gefällt Ihnen an Ihrem Beruf besonders?
- Deckt sich die Tätigkeit mit den Vorstellungen, die Sie davon hatten?
- Welchen Einfluss hatten Ihre Eltern auf die Berufswahl?
- Was machen Sie in Ihrer Freizeit?
- Wie fühlen Sie sich in Ihrem Beruf?
- Welche Arbeitsplätze gibt es in Ihrer Abteilung?
- Welche Vor- und Nachteile hat Ihr Beruf?
- War Ihre schulische Ausbildung gut?
- Hängt Ihr Hobby mit Ihrem Beruf zusammen?
- Hatte Ihr Vater den gleichen Beruf wie Sie?
- Können Sie Ihre Stärken im Beruf einsetzen?
- Hatten Sie konkrete Vorstellungen von Ihrem Beruf?

16.4 Paraphrasieren

Für diese Übung benötigen Sie einen Übungspartner, mit dem Sie sich über ein beliebiges Thema unterhalten. Wiederholen Sie dabei nach jedem Statement Ihres Partners sinngemäß, was der Partner zuvor gesagt hat, bevor Sie Ihr eigenes Statement abgeben.

Sie können dabei gezielt folgende Variationen vornehmen:

- Sie können die Stimme am Schluss der Wiederholung heben und dadurch das Wiederholen zu einer impliziten Frage machen.

- Sie können das zuvor Gesagte bewusst falsch wiederholen und damit Widerspruch und Richtigstellung bei dem Gesprächspartner erzeugen.

16.5 Nachfragen

Nachfolgend sind Antworten aufgeführt, die relativ vage sind. Unterstreichen Sie diejenigen Begriffe, die der Nachfrage bedürfen, um ein genaues Bild von dem zu erhalten, was der Bewerber (nicht) sagt. Formulieren Sie Nachfragen dazu.

Beispiel

Ich möchte die Ziele (welche?), die ich mir gesetzt habe, im Auge behalten (was heißt „im Auge behalten?").

- Ich bin ein Mensch, der auch in der Freizeit versucht, andere ein wenig zu motivieren.
- Ich habe auch einige Mankos im Arbeitsverhalten.
- Ich kann so mit Leuten umgehen, dass ich als Vorgesetzter akzeptiert werden kann.
- Man sollte versuchen, Informationen an die Mitarbeiter zu geben.
- Meistens kommt etwas zurück, manchmal muss man es auch anmahnen.
- Man hat versucht, die Kollegen in die entsprechende Richtung zu bringen, indem man ihnen die Argumente aufgezeigt hat.
- Ich werde dies dem Kollegen in einem Gespräch verdeutlichen.
- Man muss versuchen, die Kollegen zu motivieren, damit sie an einem Strang ziehen.
- Zu meinem direkten Vorgesetzten habe ich nicht das beste Verhältnis.
- Die reine Bürotätigkeit gibt mir nichts.
- Das Arbeitsklima muss intakt sein.
- Die Zusammenarbeit des Teams muss auf einem hohen Niveau gehalten werden.
- Oftmals hat man keinen Lösungsansatz und muss Strategien entwickeln.
- Ich kann mir auch manchmal eine Meinung anderer anhören.
- Meinen Entwicklungsbedarf sehe ich in der Optimierung einzelner Fähigkeiten.
- Man konnte sich immer auf mich verlassen.
- Meiner Meinung nach war ich der beste Verkäufer.
- Ich arbeite an der Systemsteuerung mit.
- Wir entwickeln Steuerungselemente.
- Es passierten Dinge, mit denen ich nicht gerechnet hatte.
- Ich bin immer bemüht, eine konstruktive Lösung zu finden.

16.6 „Blech reden"

Um das Gespür dafür zu verfeinern, wie man ein Gespräch auf allgemeinem Niveau halten kann, ohne konkrete Aussagen zu tätigen, dient folgende Übung:

Unterhalten Sie sich mit einem Übungspartner über ein beliebiges Thema. Versuchen Sie dabei, sich nur in Allgemeinsätzen und vagen Andeutungen zu ergehen, die viele Formulierungen mit den nachfolgenden Worten enthalten:

- wir,
- man,
- alle,
- jede(r),
- sämtliche,
- irgendeiner,
- immer,
- die Fachwelt,
- es,
- generell,
- häufig,
- die Firma,
- niemals,
- keine(r),
- nichts,
- nie,
- nirgends.

16.7 Meta-Modell

Überprüfen Sie die nachfolgenden Aussagen mit Hilfe des Meta-Modells. Unterstreichen Sie Universalquantifizierungen, Nominalisierungen und Tilgungen.

Beispiel

„Man (Universalquantifizierung) hat ja eine gewisse Persönlichkeit (Tilgung), die man (Universalquantifizierung) nicht verändern möchte."

- Man wird ja von anderen Menschen in einer gewissen Weise eingeschätzt.
- Ich arbeite an der Verbesserung meiner Defizite.
- Privates und Berufliches muss im Einklang stehen.
- Bei unserer Arbeitsorganisation bleiben viele Dinge liegen.
- Mir ist eine gute Zusammenarbeit mit Vorgesetzten und Kollegen wichtig.

- Man muss den richtigen Weg finden, um die Mitarbeiter nicht vor den Kopf zu stoßen.
- Man hat versucht, die Kollegen in die entsprechende Richtung zu bringen, indem man ihnen die Argumente aufgezeigt hat.
- Meine Stärke ist der Umgang mit Menschen.
- Es gibt mit Sicherheit Möglichkeiten, Verbesserungen vorzunehmen.
- Die Interessen aller Beteiligten sollten in die Zusammenarbeit einfließen.
- Der Reiz der Aufgabe ist die Art der Herausforderung.
- Es ging mir wie jedermann, mit einigem war man nicht zufrieden.
- Ich habe immer den Erwartungen entsprochen.
- Man muss die Frustration konstruktiv bekämpfen.

Beispiellösung zur Übung Meta-Modell

U = Universalquantifizierung
N = Nominalisierung
T = Tilgung

- Man (U) wird ja von anderen (U) Menschen in einer gewissen (T) Weise eingeschätzt.
- Ich arbeite an der Verbesserung (N) meiner Defizite.
- Privates (T) und Berufliches (T) muss im Einklang stehen.
- Bei unserer (U) Arbeitsorganisation (N) bleiben viele Dinge (U) liegen.
- Mir ist eine gute Zusammenarbeit (N) mit Vorgesetzten und Kollegen wichtig.
- Man (U) muss den richtigen Weg (T) finden, um die Mitarbeiter (U) nicht vor den Kopf zu stoßen.
- Man (U) hat versucht, die Kollegen in die entsprechende Richtung (T) zu bringen, indem man (U) ihnen die Argumente (T) aufgezeigt hat.
- Meine Stärke ist der Umgang (N) mit Menschen (U).
- Es gibt mit Sicherheit Möglichkeiten (T), Verbesserungen (N) vorzunehmen.
- Die Interessen aller (U) Beteiligten sollten in die Zusammenarbeit (N) einfließen.
- Der Reiz (N) der Aufgabe ist die Art der Herausforderung (N).
- Es ging mir wie jedermann (U), mit einigem (T) war man (U) nicht zufrieden.
- Ich habe immer (U) den Erwartungen (T) entsprochen.
- Man (U) muss die Frustration (N) konstruktiv (T) bekämpfen.

16.8 Nominalisierungen

Dem Erkennen von Nominalisierungen kann folgende Übung dienen. Jeweils einer von zwei Sätzen enthält ein Substantiv, der andere eine Nominalisierung. Prüfen Sie anhand der Kriterien für das Vorliegen einer Nominalisierung, ob es sich jeweils um ein Substantiv oder um eine Nominalisierung handelt. Kennzeichnen Sie Substantive mit einem „S" und Nominalisierungen mit einem „N".

a) 1: „Ich habe ein Auto."
   2: „Ich habe viel Arbeit."
b) 1: „Ich erwarte einen Brief."
   2: „Ich erwarte Unterstützung."
c) 1: „Meine Erwartungen waren zu groß."
   2: „Mein Mantel ist zu groß."
d) 1: „Ich habe mein Ziel verloren."
   2: „Ich habe meine Uhr verloren."
e) 1: „Ich brauche Wasser."
   2: „Ich brauche Bestätigung."
f) 1: „Versagen ängstigt mich."
   2: „Große Hunde ängstigen mich."

Lösung zur Übung „Nominalisierung"

a) 1 = S
   2 = N
b) 1 = S
   2 = N
c) 1 = N
   2 = S
d) 1 = N
   2 = S
e) 1 = S
   2 = N
f) 1 = N
   2 = S

16.9 Originalität von Antworten

Stellen Sie einem Übungspartner die folgenden Fragen. Vergleichen Sie die Antworten mit den angegebenen Standardantworten. Entspricht die Antwort der Standardantwort, notieren Sie „0", weicht die Antwort von der Standardantwort ab, notieren Sie „1". Bilden Sie am Schluss den Gesamtwert für die Originalität der Antworten.

„Was hat Sie bisher am stärksten frustriert?" Zu geringe Aufstiegsmöglichkeiten	❏ 0	❏ 1
„Was ist wichtig für Ihre berufliche Zufriedenheit?" Anerkennung, Freiräume, Herausforderungen	❏ 0	❏ 1
„Welche Bücher haben Sie in den letzten zwölf Monaten gelesen?" Bestsellerliste des „Spiegel" oder „Focus"	❏ 0	❏ 1
„Was erwarten Sie von Ihrem künftigen Vorgesetzten?" Führung, Leitung, Lerneffekte	❏ 0	❏ 1
„Was tun Sie lieber: zuhören oder selber reden?" Sie hören natürlich lieber zu	❏ 0	❏ 1
„Welche Eigenschaften an anderen Menschen stören Sie am meisten?" Unehrlichkeit, Unzufriedenheit	❏ 0	❏ 1

Sachverzeichnis

A
Abbild, inneres, 61
Aktivierung, 95
Allgemeinen Gleichbehandlungsgesetz AGG, 4
Anforderung, spezielle, 104
Antwort, Differenziertheit, 80
Antwort, quantifizierbare, 79
Antwortstil, 13
Antwortverhalten, 13
Arbeitsbedingung, 88
Arbeitsgruppe, 103
Arbeitsinhalt, 88
Arbeitszufriedenheit, Faktoren, 87
Asch-Effekt, 134
Aufgabenerfüllung, 115
Aufzählung, 31
Ausdruck, 118
Außenorientierung, 95
Außenwelt, 39
Auswerten, systematisches, 129
Auswertung, 133
Authentizität, 4

B
Bauchentscheidung, 131
Bedeutung, 59
Bedeutungsübertragung, 39
Bedeutungswahrscheinlichkeit, 43
Begriff, vager, 55
Begriff, wohlfeiler, 48
Begriffe, hohle, 45
Begriffsebene, allgemeine, 44
Begrüßung, 86
Behaltensleistung, 126
Beispiele, Einforderung, 23
Beobachtung, nonverbale, 114

Beobachtungsbogen, 116
Bewahrung, 93
Bewerber, Vorstellung, 87
Bewerberantworten, Langweiligkeit, 81
Bewerberpräsentation, 111
Bewerberratgebern, 25, 69
Bewerbertraining, 2
Beziehungsebene, 17, 22, 23

D
Deckungsgrad, 61
Der erste Eindruck, 132
Dimension, horizontale, 52, 85
Direkter Vorgesetzter, 89
Distanz, 94, 123
Doppelproblem, 57
Durchzug mit Abzweig, 49

E
Ebene, konkrete, 25
Eindruck, 118
Eingehen auf den Einzelfall, 93
Einstiegsfragen, 34
Einzelverantwortung, 94
Elaboration, 22
Entscheidungsgrundlage, 55
Entwicklungsmöglichkeit, persönliche, 89

F
Fehler der ersten Art (Alpha-Fehler), 42
Fehler der zweiten Art (Beta-Fehler), 42
Floskel, 55
Frage, abstrakte, 74
Frage, geschlossene (enge), 12
Frage, mehrgliedrige, 75
Frage, offene, 14
    Konstruktion, 14

Verkettung, 16
  Vorteile, 19
Frage, offene (weite), 12
Frage, projektive, 73
Frage, zirkuläre, 72
Fremdbestimmung, 94
Führungs-Dilemmata, 92

G
Gedächtniskapazität, 127
Gehirn, 42
Generalisierung, 93
Gesamtverantwortung, 94
Gespräch, zähes, 52
Gesprächsablauf, 87
Gesprächsabschluss, 108
Gesprächsbeginn, 86
Gesprächsfluss, 28
Gesprächsplan, 85
Gesprächssequenzen, Simulation, 120
Gesprächsstil, 54
Glaubhaftigkeit, 4
Gleichbehandlung, 93
Gruppenmodell, 100

I
Individualismus, 97
Information, 89
Information, erhaltene
  Verwertbarkeit, 27
Information, personenbezogene, 27
Informationen zur Stelle, 106
Informationsverarbeitung, parallele, 142
Informationsverarbeitung, serielle, 142
Inhalt, 116
Innenorientierung, 95
Innenwelt, 39
Interview, Auswertung, 134
Interviewerverhalten, Rückmeldung, 143

K
Kippfigur, 46
Kollegenbeziehung, 88
Kommunikation, 3
Kommunikation, Röhrenmodell, 39
Kommunikationsmodell, 2
Konkretisierung, 69
Konkurrenz, 94
Kooperation, 94

Kopfentscheidung, 131
Kultur, 96
Kurzzeitspeicher, 127

L
Leistungskurve, 128
Lernprinzip, 141

M
Machtdistanz, 96
Makroprozess, 47, 51
Maskulinität, 98
Medien, Umgang mit, 115
Mediengestaltung, 115
Meta-Modell, 62
Mikrokultur, 96
Mikroprozess, 47, 50
Mitsprache, 89
Mitwirkung, Stufen, 91
Modell, 101, 102

N
Nachfragen, 30, 34
Nähe, 94
Nichts - Noch nie-Antworten, 32
Nicht-Information, 49
Nicht-Informationen, 42
Nominalisierung, 64
Nominalisierung, Identifikation, 65
Nonverbale Beobachtung, 55
Notiz, 124

O
Organisation, 89
Originalität, 80

P
Passung, 133
Personal- und Fachabteilung, Zusammenspiel, 108
Präsentation, Rahmenbedingungen, 116
Präsentationsverhalten, 113
Primacy-Effekt, 125
Programmierung, neurolinguistische, 57
Pseudoverständnis, 50

Q
Quellen der Frustration, 105

R
Recensy-Effekt, 125

Redeanteil des Bewerbers, 86
Richtigkeit, 3
Risikoschubphänom, 136
Röhrenmodell, 1

S
Schallwelle, 44
Schlagwort, 55, 59
Schnittmenge, 62
Selbstbestimmung, 94
Selbstdarstellung, 112
Selbstdarstellung, Auswertung, 113
Selektionsstrategie, paradoxe, 84
Situation, charakteristische, 104
Sitzposition, 123
Spezialisierung, 93
Stimulanz, 116
Supervision, 140

T
Tagesablauf, 128
Tilgung, sprachliche, 66
Trivialität, 80

U
Universalquantifizierung, 63

Unsicherheitsvermeidung, 98

V
Validität, soziale, 8
Validitätswert, 7
Veränderung, 93
Verarbeitungstiefe, 22
Verfahrensorientierung, 95
Verhaltensbeobachtung, 118
Versuchsperson, 2

W
Wahrnehmung, verbale, 113
Weg, 56

Z
Zeit, 52
Zeitplanung, 126
Zielorientierung, 95
Zurückhaltung, 95
Zusammenfassen, 19
Zusammenfassen, bewusst falsches, 21
Zusammenfassen, durch den Bewerber, 21
Zusammenfassen, Formulierungen, 22
Zusammenfassen, fragendes, 19

Lizenz zum Wissen.

Sichern Sie sich umfassendes Wirtschaftswissen mit Sofortzugriff auf tausende Fachbücher und Fachzeitschriften aus den Bereichen: Management, Finance & Controlling, Business IT, Marketing, Public Relations, Vertrieb und Banking.

Exklusiv für Leser von Springer-Fachbüchern: Testen Sie Springer für Professionals 30 Tage unverbindlich. Nutzen Sie dazu im Bestellverlauf Ihren persönlichen Aktionscode C0005407 auf *www.springerprofessional.de/buchkunden/*

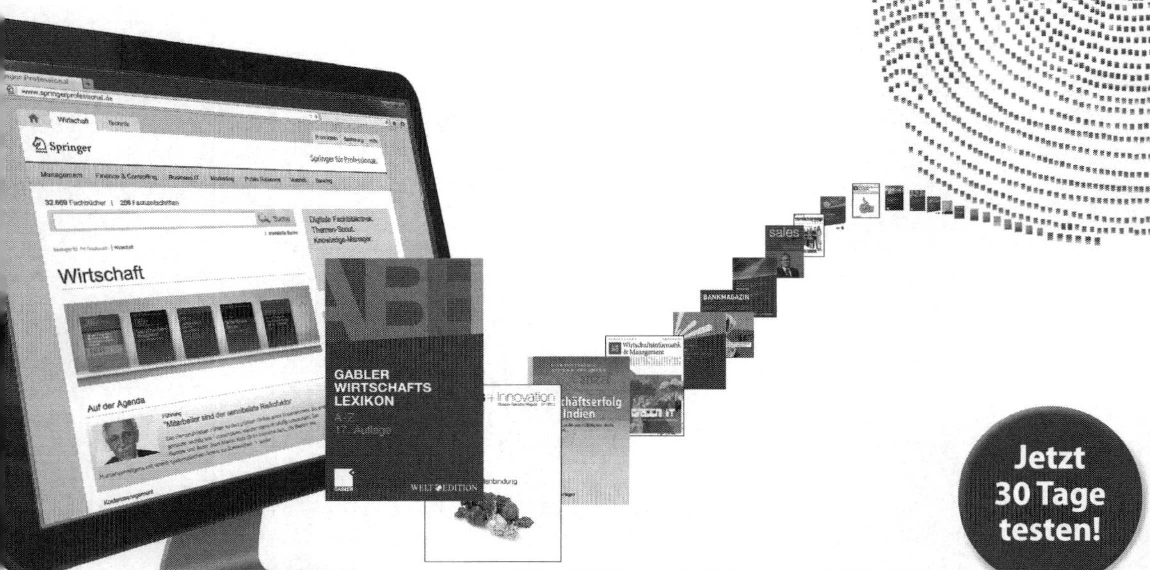

Jetzt 30 Tage testen!

Springer für Professionals.
Digitale Fachbibliothek. Themen-Scout. Knowledge-Manager.

- Zugriff auf tausende von Fachbüchern und Fachzeitschriften
- Selektion, Komprimierung und Verknüpfung relevanter Themen durch Fachredaktionen
- Tools zur persönlichen Wissensorganisation und Vernetzung

www.entschieden-intelligenter.de

Springer für Professionals

Druck:
Canon Deutschland Business Services GmbH
im Auftrag der KNV-Gruppe
Ferdinand-Jühlke-Str. 7
99095 Erfurt